新工科建设·应用型本科规划教材

UI 设计实战

孙 剑 编著

電子工業出版社.
Publishing House of Electronics Industry
北京·BEIJING

内 容 简 介

本书紧扣用户界面（UI）设计趋势，主要讲解了什么是UI设计、UI设计的原则与理念、图标设计方法、移动端界面UI设计布局和iOS规范五大方面的内容。本书结构清晰、内容翔实，为广大读者详细解读了UI的设计理念与方法，是一本UI设计的入门级教材。

通过对本书的学习，能够提高图标设计人员、UI设计师、平面设计师、用户体验设计师等的设计技能，帮助他们打开创意灵感之门。本书适合想要从事UI设计相关工作的读者学习使用，也可作为高校和培训机构视觉传达和多媒体设计等相关专业的教材和参考书。

图书在版编目（CIP）数据

UI设计实战 / 孙剑编著.—北京：电子工业出版社，2020.4

ISBN 978-7-121-37971-0

Ⅰ.①U… Ⅱ.①孙… Ⅲ.①人机界面—程序设计—高等学校—教材 Ⅳ.①TP311.1

中国版本图书馆CIP数据核字(2019)第255721号

策划编辑：章海涛
责任编辑：底　波
印　　刷：北京盛通印刷股份有限公司
装　　订：北京盛通印刷股份有限公司
出版发行：电子工业出版社
　　　　　北京市海淀区万寿路173信箱　　　　　邮编：100036
开　　本：787×1 092　　1/16　　印张：12　　字数：300千字
版　　次：2020年4月第1版
印　　次：2020年4月第1次印刷
定　　价：64.00元

凡所购买电子工业出版社图书有缺损问题，请向购买书店调换。若书店售缺，请与本社发行部联系，联系及邮购电话：（010）88254888，88258888。

质量投诉请发邮件至 zlts@phei.com.cn，盗版侵权举报请发邮件至 dbqq@phei.com.cn。

本书咨询联系方式：192910558（QQ群）。

前　言

在当今移动互联网和信息技术快速发展的时代，UI 设计的作用就凸显出来了。从 UI 设计风格的变化，到 UI 信息展示的设计，在交互设计和用户体验设计中展示出独特的一面。

本书对 UI 图标设计流程、掌控图标设计原则、图标设计与软件操作、扁平化图标设计、拟物写实图标设计、iOS 控件和规范及移动 App 界面布局进行逐一讲解，使读者由浅入深，逐步了解 App 设计特点、图标设计方法和规范、Illustrator 和 Photoshop 制作图标及 App 界面视觉的整体设计思路和制作过程。

本书分为 5 章，结合实例展示操作方法与处理效果，全面阐述了 UI 设计理念、创作过程、设计方法及各类界面的设计技术等内容，以一种逐渐深化的方式为读者呈现设计中的重点门类和制作方法，使读者全面且深入地掌握各种类别的图标设计案例。同时，本书还穿插讲解了用户体验设计的核心、用户体验设计的要素、用户体验中的交互设计及移动端的用户体验等专业知识。

本书结构清晰、内容翔实、文字阐述通俗易懂，与案例分析结合进行讲解说明，具有很强的实用性，是一本 UI 设计的宝典。

由于作者水平及时间所限，书中不妥之处敬请广大读者及专家批评指正。

目录

CONTENTS

第1章　走进 UI 世界　　1

1.1　认识移动 UI 设计 2
　1.1.1　认识 UI、GUI、HUI、WUI 概念.... 2
　1.1.2　UE 与 UED 4
　1.1.3　UCD 4
1.2　UI 相关概念 5
　1.2.1　智能手机屏幕单位 5
　1.2.2　色彩模式 6
　1.2.3　网点密度与像素密度 7
　1.2.4　逻辑分辨率与像素倍率 7
　1.2.5　视网膜屏幕 8
1.3　常见智能手机系统 8

　1.3.1　Android 系统 8
　1.3.2　iOS 13
　1.3.3　Windows Phone 系统 16
1.4　文件存储格式 18
　1.4.1　GIF 格式 18
　1.4.2　JPEG 格式 18
　1.4.3　PNG 格式 18
　1.4.4　SVG 格式 18
1.5　如何进行手机 UI 设计 18
　1.5.1　UI 设计的流程 18
　1.5.2　UI 设计原则 22
　思考与练习 26

第2章　主题图标设计　　27

2.1　图标 28
　2.1.1　图标概念 28
　2.1.2　图标分类 28
2.2　主题图标 30
　2.2.1　主题图标概念 30

　2.2.2　常用主题图标名称 31
2.3　图标设计规范及技巧 32
　2.3.1　图标设计规范 32
　2.3.2　图标设计流程 36
　2.3.3　图标设计方法 37
　思考与练习 40

第3章　Illustrator 图标设计　　41

3.1　Illustrator 概述 42
　3.1.1　Illustrator 发展历程 42
　3.1.2　Illustrator 应用领域 42

3.2　Illustrator 基础操作 45
　3.2.1　工作区概览 45
　3.2.2　新建 Illustrator 文档 47

3.2.3 保存 Illustrator 文档 48
3.2.4 保存文件类型 49
3.2.5 导出文件类型 49
3.2.6 辅助工具的使用 50
3.2.7 选择对象 52
3.2.8 对象编组 54
3.2.9 对象对齐和分布 54
3.2.10 绘图与变形工具 55

3.3 组合对象 75
3.3.1 复合形状 75
3.3.2 其他复合形状 77
3.3.3 释放与扩展复合形状 78
3.3.4 路径查找器选项 80

3.4 扩展、扩展外观、轮廓化描边、
文字轮廓 81

3.4.1 扩展 81
3.4.2 扩展外观 81
3.4.3 轮廓化描边 82
3.4.4 文字轮廓 82

3.5 图标设计技法 82
3.5.1 绘制 "image" 图标 82
3.5.2 绘制 "setting" 图标 85
3.5.3 绘制 "game" 图标 89
3.5.4 绘制 "BrandColors" 的 Logo 92
3.5.5 绘制 "中国联通" 的 Logo 94
3.5.6 绘制 MBE 风格 "Video" 图标 ... 97
3.5.7 绘制可爱渐变 "user" 图标 100
3.5.8 绘制折叠效果 "user" 图标 103
3.5.9 拼凑效果 "home" 图标 105
3.5.10 彩色 "切片球" 制作 110
思考与练习 113

第4章 Photoshop 图标设计实战 114

4.1 Photoshop 概述 115

4.2 Photoshop 基本操作 115
4.2.1 工作区概览 115
4.2.2 了解 Photoshop 中的工具 116
4.2.3 新建 Photoshop 文档 117
4.2.4 保存 Photoshop 文档 119
4.2.5 保存文件类型 120

4.3 Photoshop 矢量工具 121
4.3.1 钢笔工具 121
4.3.2 路径选择工具 / 直接选择工具 .. 122
4.3.3 形状图形工具 122
4.3.4 设置颜色方法 123

4.3.5 布尔运算 124
4.3.6 对齐、排列关系 126

4.4 图层样式 128
4.4.1 添加图层样式 129
4.4.2 "图层样式" 面板 129

4.5 Photoshop 图标设计实战 134
4.5.1 图标的扁平化设计 134
4.5.2 线形图标 136
4.5.3 剪影图标 139
4.5.4 扁平彩色图标 144
4.5.5 拟物图标的设计方法 148
思考与练习 152

第5章 iOS 规范及工具 App 视觉设计 153

5.1 App 类型及特点 154
5.1.1 App 类型 154
5.1.2 手机 App 设计原则 156

5.2 iOS 控件介绍及设计规范 164
5.2.1 iOS 控件摆放规范 164
5.2.2 iOS 控件的构成与尺寸 165

参考文献 186

5.3 常见界面布局 173

5.4 App 界面设计实战 176
5.4.1 音乐 App 界面实战 176
5.4.2 社交 App 界面实战 181
5.4.3 个人中心界面实战 183
思考与练习 185

第 1 章

1

走进 UI 世界

1.1　认识移动 UI 设计　　　　　　　　　/　　2

1.2　UI 相关概念　　　　　　　　　　　/　　5

1.3　常见智能手机系统　　　　　　　　　/　　8

1.4　文件存储格式　　　　　　　　　　　/　　18

1.5　如何进行手机 UI 设计　　　　　　　/　　18

思考与练习　　　　　　　　　　　　　　/　　26

1.1 认识移动 UI 设计

移动 UI 设计就是将移动通信技术和 UI 设计在一定规范基础和产品设计基础上有机结合在一起。一个好的 UI 设计不仅能让软件变得个性化、品位化、精致化，还能让软件的操作变得简单、方便、舒适，并且能充分体现出软件的定位和特点。

1.1.1 认识 UI、GUI、HUI、WUI 概念

UI

UI 是用户界面（User Interface）的简称。它是一个比较广泛的概念，指人 – 机互动过程中的各种操作和反馈界面，也可以理解为产品中一切可视化操作界面。完成这些界面视觉效果设计的人称为 UI 设计师。iOS 平台 App 产品效果展示：如图 1.1、图 1.2、图 1.3 所示；Android 平台 App 产品效果展示：如图 1.4、图 1.5、图 1.6 所示。

GUI

GUI 是图形用户界面（Graphical User Interface）的简称，又称图形用户接口。采用图形方式显示计算机操作用户界面的人称为 GUI 设计师。因为移动端会有大量图形用户界面设计，所以一般在公司中不会将 UI 和 GUI 区分得太清楚。

iOS 平台 App 产品效果展示：

图 1.1　iPhone 主界面　　图 1.2　QQ 音乐"发现"界面　　图 1.3　去哪儿主界面

Android 平台 App 产品效果展示：

图 1.4　天天爱消除闪屏界面　　　　图 1.5　澎湃新闻主界面　　　　图 1.6　淘宝主界面

HUI

HUI 是手持设备用户界面（Handset User Interface）的简称，严格来说，智能手机也属于手持设备。设计手持设备界面的人称为 HUI 设计师。产品效果如图 1.7、图 1.8 所示。

图 1.7　数据采集器　　　　　　　　图 1.8　手持 GPS 定位仪

WUI

WUI 是网页用户界面（Web User Interface）的简称。从事 PC 端网页设计的人称为 WUI 设计师。产品效果如图 1.9、图 1.10 所示。

图 1.9　展示类网站界面　　　　　　　图 1.10　博客类网站界面

在上述各种界面的展示中，我们会发现 UI 设计师、GUI 设计师、HUI 设计师和 WUI 设计师最终的产出物绝大部分是针对移动端或互联网产品的视觉设计，对界面表现有较高要求。所以一般对上述岗位并不会做太严格的区分，都统称为 UI 设计师。

1.1.2　UE 与 UED

UE

用户体验（User Experience）是指用户在使用产品过程中的主观感受。

用户体验是用户对产品产生的整体使用感受，包括受品牌、用户个人使用经验的影响。所以不要理解用户体验设计只是与用户界面相关，那只是其中的一部分。

UED

用户体验设计（User Experience Design，也称为 UXD）是以用户为中心的一种设计手段，以用户需求为目标而进行的设计。设计过程注重以用户为中心，用户体验的概念从开发的最早期就开始进入整个流程，并且贯穿始终。用户体验虽然是个人的感受，但共性的体验也可以通过良好的设计得到提升。

1.1.3　UCD

UCD（User Centered Design）是以用户为中心的设计，是在设计过程中以用户体验为设计决策的中心，强调用户优先的设计模式。UCD 是一种设计思维，它强调在设计产品过程中，从用户角度出发进行设计，秉承用户优先。

当然，我们说 UCD 强调用户优先，并不代表是最合适的，因为在产品不同阶段需要考虑的优先级也是不同的。

1.2 ▶ UI 相关概念

1.2.1 智能手机屏幕单位

英寸（Inch）

英寸是常用的长度单位。虽然英寸是英制单位，但是很多地方都在广泛使用。例如，大家在购买电视机的时候都会说买多少寸的电视机，这里的"寸"就是"英寸"，是指屏幕对角线的长度。手机屏幕也延续了这个长度单位。

例如，全面屏 iPhoneX 屏幕尺寸为 5.8 英寸，如图 1.11 所示；OPPO R11 屏幕尺寸为 6.01 英寸，如图 1.12 所示。正常屏 iPhone 8 Plus 屏幕尺寸为 5.5 英寸，如图 1.13 所示；华为 Mate 10 屏幕尺寸为 5.9 英寸，如图 1.14 所示。

图 1.11　iPhone X　　图 1.12　OPPO R11s　图 1.13　iPhone 8 Plus　　图 1.14　华为 Mate10

像素（Pixel）

像素是图像最基本的采样单位，图像都是由一个个小点组成的。例如，在 Photoshop 中可以把位图放大至 3200%，所表现的矩形即是像素，原图和放大后的图如图 1.15、图 1.16 所示。

图 1.15　原图　　　　　　　　　　图 1.16　放大后的图

分辨率（Resolution）

分辨率是屏幕像素点的数量，一般用屏宽像素点数乘以屏高像素点数表示。例如，iPhone X 的屏幕分辨率是 1125 像素 X2436 像素，就是 iPhone X 的屏幕是由 1125 列和 2436 行的像素点排列组成的。每个像素点发出不同的颜色光，构成看到的图像。

1.2.2 色彩模式

色彩模式是数字产品中表示颜色的一种算法。在数字世界中，为了表示各种颜色，人们通常将颜色划分为若干分量。由于成色原理的不同，决定了靠色光直接合成颜色的颜色设备与靠使用颜料的印刷设备在生成颜色方式上的区别。常用的色彩模式有：RGB 色彩模式、CMYK 色彩模式、Lab 色彩模式等。

RGB 色彩模式：一种加色色彩模式。它是工业界的一种颜色标准，通过对红（Red）、绿（Green）、蓝（Blue）三个通道的颜色变化以及它们相互之间的叠加来得到各种颜色，RGB 就是代表红、绿、蓝三个通道的颜色，这个标准几乎包括了人类视力所能感知的所有颜色，是目前运用最广的颜色系统之一。RGB 色彩模式适用于显示器、投影仪、扫描仪、数码相机等电子设备。

CMYK 色彩模式：一种减色色彩模式。在印刷时应用的是这种色彩模式。CMYK 代表印刷上用的四种颜色，C 代表青色（Cyan），M 代表洋红色（Magenta），Y 代表黄色（Yellow），K 代表黑色（Black）。因为在实际应用中，青色、洋红色和黄色很难叠加形成真正的黑色，最多不过是褐色，因此才引入了黑色。黑色的作用是强化暗调，加深暗部色彩。CMYK 色彩模式适用于由打印机、印刷机等设备生产出的印刷品。

Lab 色彩模式：由三个要素组成，亮度（L）、a 和 b 两个颜色通道。a 包括的颜色是从深绿色（低亮值）到灰色（中亮度值）再到亮粉红色（高亮度值）；b 是从亮蓝色（低亮度值）到灰色（中亮度值）再到黄色（高亮度值）。因此，这种颜色混合后将产生明亮效果的色彩。它是一种设备无关的颜色模型，弥补了 RGB 色彩模式和 CMYK 色彩模式两种色彩模式的不足，也是一种基于生理特征的颜色模型。

除常用的 RGB 模式、CMYK 模式和 Lab 模式外，还有一些颜色模式：位图模式、灰度模式、双色调模式、索引颜色模式和多通道模式等。这些色彩模式可以在 Photoshop 软件中找到，并且这些颜色模式有其特殊的用途，在这里就不再赘述了。

1.2.3　网点密度与像素密度

网点密度（dpi）

在印刷中，常用网点密度（dot per inch，dpi）来描述打印精度。例如，设置打印分辨率为 96dpi，在打印过程中，每英寸的长度打印 96 个点，当然在相同尺寸打印长度中，dpi 越高，图片越精美。这个概念被沿用到 PC 时代，Windows 默认 dpi 为 96。

像素密度（ppi）

像素密度（pixel per inch，ppi）常用于"屏幕显示"的描述，用来表示每英寸像素点数量。显示屏幕的 ppi 数值越高，图片质量越高。Photoshop 默认分辨率为72ppi，如图 1.17 所示。

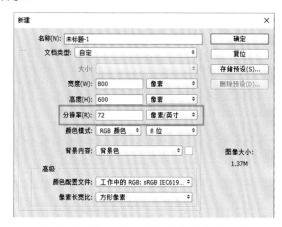

图 1.17　Photoshop 默认分辨率为 72ppi

dpi 与 ppi

当 dpi 的概念用在手机屏幕上时，表示手机每英寸可以显示的像素点的数量。这时就可以用 ppi 来描述这个屏幕。生产工艺越高，每平方英寸显示像素点就越多。

1.2.4　逻辑分辨率与像素倍率

要理解逻辑分辨率与像素倍率的概念，需要先了解一下物理分辨率。

物理分辨率是指硬件所支持的分辨率。

逻辑分辨率是指软件可以达到的分辨率。

逻辑分辨率乘以一个倍率得到物理分辨率，这个倍率就是像素倍率。

在 iOS 中，一般会看到文件名有的带 @2x、@3x 字样，有的不带。不带的在普通屏上显示，带的分别在 2 倍率和 3 倍率的 Retina 屏幕上显示。iOS 屏幕参数表如表 1.1所示。

表 1.1　iOS 屏幕参数表

手机型号	逻辑分辨率 /pt	像素倍率	物理分辨率 /px	像素密度 /ppi
iPhone 3GS	320×480	@1×	320×480	163
iPhone 4/4S/4C	320×480	@2×	640×960	326
iPhone 5S	320×568	@2×	640×1136	326
iPhone 6/6S/7/8	375×667	@2×	750×1334	326
iPhone 6 Plus/6S Plus/7 Plus/8 Plus	414×736	@3×	1242×2208	401
iPhone X	375×812	@3×	1125×2436	458

1.2.5　视网膜屏幕

手机屏幕距离眼睛 10~12 英寸（约 25~30cm）时，分辨率只要达到 300ppi（每英寸 300 个像素点）以上，眼睛就看不出像素点了，这样的屏幕就称为"视网膜（Retina）屏幕"。由于其具备超高的像素密度，因此屏幕显示特别清晰、锐利。ppi 计算公式如图 1.18 所示。

$$\text{ppi} = \frac{\sqrt{\text{长度像素数}^2 + \text{宽度像素数}^2}}{\text{屏幕对角线英寸数}}$$

图 1.18　ppi 计算公式

通过"iOS 屏幕参数表"和"ppi 计算公式"可以看出，现在市场上主流手机屏幕都符合"视网膜屏幕"的特征，手机上的图像也将越来越精致、细腻。

1.3　常见智能手机系统

1.3.1　Android 系统

Android 系统是一种基于 Linux 的自由及开放源代码的操作系统，主要用于移动设备，如智能手机和平板电脑，由 Google 公司和开放手机联盟领导及开发。国内一般写为"安卓"，严格意义上说"Android"和"安卓"还是有区别的。Android 系统图标如图 1.19 所示。

图 1.19　Android 系统图标

Android 系统的发展历程

Android 系统从 2008 年开始到现在已更新至 8.0，如图 1.20 所示。

✧ 2008 年 9 月，谷歌公司正式发布了 Android 1.0 系统，这也是 Android 系统最
早的版本。

✧ 2009 年 4 月，谷歌公司正式推出了 Android 1.5 系统。

特点：谷歌公司开始将 Android 系统的版本以甜品的名字命名，Android 1.5 系统
命名为 Cupcake（纸杯蛋糕）。该系统与 Android 1.0 系统相比有了很大的改进。

✧ 2009 年 10 月 26 日发布 Android 2.0 系统。

特点：优化硬件速度；支持更多的屏幕分辨率；改良的用户界面；支持 HTML5；
支持内置相机闪光灯；支持数码变焦；改进的虚拟键盘；支持蓝牙 2.1；支持动态桌
面的设计。

✧ 2011 年 2 月 2 日发布 Android 3.0 系统。

特点：将 Android 手机系统跟平板系统再次合并从而方便开发者；支持 USB 输入
设备；支持 Google TV；可以支持 XBOX 360 无线手柄；widget 支持的变化，能更容
易地定制屏幕 widget 插件。

✧ 2011 年 10 月 19 日发布 Android 4.0 系统。

特点：全新的 UI；全新的 Chrome Lite 浏览器；更强大的图片编辑功能；集成了
Twitter、Linkedin、Google+ 等通信工具。新增流量管理工具，可具体查看每个应用产
生的流量，限制使用流量，到达设置标准后自动断开网络。

✧ 2014 年 10 月 15 日发布 Android 5.0 系统。

特点：使用一种新的 Material Design 设计风格，透明度稍稍做了调整，并且各种
桌面小部件也可以被重叠摆放。界面加入了五彩缤纷的颜色、流畅的动画效果，呈现
出一种清新的风格。采用这种设计的目的在于统一 Android 设备的外观和使用体验。

✧ 2015 年 5 月 28 日发布 Android 6.0 系统。

特点：保持扁平化的 Material Design 风格。在软件体验与运行性能上进行了大幅
度的优化。据测试，Android 6.0 系统可使设备续航时间提升 30%。

✧ 2016 年 8 月 22 日发布 Android 7.0 系统。

特点：建立了先进的图形处理 Vulkan 系统，能减少对 CPU 的占用；加入了 JIT 编
译器，安装程序的速度快了 75%，所占空间减少了 50%；加入了全新的安全性能，包
括基于文件的数据加密。在效率提升上，可以自动关闭用户较长时间未使用的应用程
序。在通知上新增了直接回复功能，并且支持一键全部清除功能。

✧ 2017 年 8 月 22 日发布 Android 8.0 系统。

图 1.20　Android 系统家族

Android 系统有趣的命名方法

　　Android 系统在正式发行之前，最开始拥有两个内部测试版本，并且以著名的机器人名称来对其进行命名，它们分别是阿童木（Android Beta）和发条机器人（Android 1.0）。后来由于涉及版权问题，谷歌将其命名规则变更为用甜点作为它们系统版本的代号。甜点命名法开始于Android 1.5系统发布的时候。作为每个版本代表的甜点的尺寸越变越大，然后按照 26 个字母数序：纸杯蛋糕（Cupcake，Android 1.5 系统），甜甜圈（Donut，Android 1.6 系统），法式奶油夹心甜点（Eclair，Android 2.0/2.1 系统），冻酸奶（Froyo，Android 2.2 系统）， 姜饼（Gingerbread，Android 2.3 系统）， 蜂巢（Honeycomb，Android 3.0系统），冰激凌三明治（Ice Cream Sandwich，Android 4.0系统），果冻豆（Jelly Bean，Android 4.1 系统和 Android 4.2 系统），奇巧（KitKat，Android 4.4 系统），棒棒糖（Lollipop，Android 5.0系统），棉花糖（Marshmallow，Android 6.0系统），牛轧糖（Nougat，Android 7.0 系统）奥利奥（Oreo，Android 8.0 系统）。

Android 最新版本

2017 年 8 月 22 日发布的 Android 8.0 系统特点如下。

1．通知界面

通知界面的快捷键空间更大，快捷键顺序经过调整；长按推送消息可以开启或关闭通知。

2．设置界面

设置界面也有大幅变化，图标重新设计，主菜单覆盖性更广，子菜单更多。

3．PinnedShortcuts

PinnedShortcuts 功能（类似 iPhone 6S 中 3DTouch 功能），长按一个软件后可以

弹出子菜单，从而达到快捷操作的目的。

4．图标形状

新系统中的开发者可以使用不同的应用图标，如圆角矩形或圆形图标，不过所有的图标只能二选一。

5．后台限制

进一步优化后台程序，减少应用在没完全退出后占用系统的资源，并且减少电量的消耗，进一步向 iOS 学习。

6．安装限制

在设置中添加安装限制功能，可以避免关联应用自动安装的问题。

7．分屏

分屏画中画功能得到强化，变得更加流畅。悬浮窗可以被随意拖动位置，在主屏幕中继续工作。

8．字体优化

谷歌对系统字体增加了更多的支持，开发者可以更改字体样式，让用户有了更多的字体选择。

9．表情符号

增加超过 60 个符合 Unicode 10 标准的表情符号。

国内安卓现状

✧ 小米 MIUI：MIUI 成为小米公司最具竞争力的产品，经过多年的不断完善，MIUI 的系统完整度相当高，在系统集成功能方面相当完全，可以说只要你想到的功能，在 MIUI 的系统集成功能方面都能找到，小米公司的成功可以说是完全借助在 MIUI 成功的基础上，MIUI 也可以说是国产系统的先驱产品。产品展示如图 1.21、图 1.22 所示。

图 1.21　小米 MIUI

图 1.22　小米手机　MIX2

❖ 魅族 Flyme：魅族公司的操作系统，其中全新的 Flyme 更是被称为"最好用的系统"。Flyme 的设计之初就定位追求流畅与简单易上手特质，在系统交互方面一直寻求最佳的解决方案。产品展示如图 1.23 所示。

图 1.23　魅族手机

❖ 华为 EMUI：Emotion UI 是华为基于 Android 系统进行开发的情感化用户界面。EMU 5.0 以上的版本在各方面都做出了很大的改进，使其能够在众多的 OS 系统中脱颖而出。产品展示如图 1.24 所示。

图 1.24　华为 EMUI 系列产品

❖ 锤子 Smartisan OS：锤子科技推出的安卓系统，可以说 Smartisan OS 是 iOS 6 最忠实的模仿者，独特的拟物化图标与一直在创新的功能使得 Smartisan OS 中显得独具一格，创新的功能与系统优化使得 Smartisan OS 在用户心目中有着高度两极分化的口碑。产品展示如图 1.25 所示。

图 1.25　锤子手机

1.3.2　iOS

iOS 是由苹果公司开发的移动操作系统。最初是为 iPhone 设计使用的，后来陆续套用到 iPod touch、iPad 及 Apple TV 等产品上。iOS 属于类 UNIX 的商业操作系统。由于 iOS 界面精美、规范性强、运行快、操作流畅，所以深受广大用户喜爱。

iOS 的发展历史

2007 年 6 月 iPhone OS 1.0。

2007 年 1 月的 MacWorld 大会上，乔布斯发布了苹果公司的第一款手机，当时 iOS 还没有一个正式的名称，只是叫作 iPhone Runs OS X。同年 6 月推出 iPhone OS 1.0。

2008 年 7 月 iPhone OS 2.0。

2008 年 3 月发布了第一款 iOS 软件开发包，并在当年 7 月推出 iPhone OS 2.0 的同时推出 App Store，这是 iOS 的一个重要里程碑，开启了 iOS 和整个移动应用时代。

2009 年 6 月 iPhone OS 3.0。

iPhone OS 3.0 增加复制粘贴、Spotlight 搜索和语音控制等新功能。设计风格为拟物风格设计（Skeuomorphism）。

2010 年 6 月 iOS 4。

iPhone OS 操作系统正式更名为 iOS。多任务处理时，用户可以通过双击 Home 键在应用程序之间快速切换，推出使用高分辨率 Retina 屏幕。

2011 年 10 月 iOS 5。

Siri 的出现是苹果公司第一次尝试让用户以不同的方式使用自己的 iOS 设备。拟物写实设计风格在 iOS 5 中达到极致。

2012 年 9 月 iOS 6。

引入了苹果公司开发的地图服务。此外，苹果设备的 iCloud 服务得到了更广泛的使用：新的 iOS 允许共享照片。

2013 年 9 月 iOS 7。

采用全新扁平化设计方法对图标界面进行设计。极大简化 iOS 的操作方法。Touch ID 允许通过指纹识别来解锁设备，增加 AirDrop 传输方式，轻松地将文件在苹果设备间进行传输。

2014 年 9 月 iOS 8。

苹果公司将其桌面和移动平台紧密地结合在一起。在 Mac 上也可以阅读和编辑 iMessages，或者接听电话。

2015 年 9 月 iOS 9。

iOS 9 主要集中在性能和稳定性上的改进。降低了 iOS 9 升级安装所需的存储空间，从原来的 4.6GB 下降到 1.3GB。

2016 年 9 月 iOS 10。

新式屏幕通知查看方式，将 Siri 开放给第三方，更加智能。滑动解锁模式取消，改为按 Home 键直接解锁，锁屏可以快捷打开相机功能。

2017 年 6 月 iOS 11。

增加了对 AR 增强现实的支持，为开发者提供 ARKit；支持 Apple Pay 转账功能；优化了相机的功能；所有功能集中到控制中心界面，包括锁屏、3D Touch；在锁屏界面，iOS 11 更加重视一体化，用户可以通过滑动实现所有操作。

最新版本

2018 年 6 月 iOS 12。

全新的 iOS 12 最大的亮点是提升了速度和流畅性。据官方介绍，相比上一代 iOS 11，iOS 12 的 App 启动速度快了 40%，输入法调出速度快了 50%，相机启动速度快了 70%。

另外，还新增了 70 多个表情符号，针对 iPhone XS、iPhone XS Max 和 iPhone XR 的相机预览推出景深控制，改进了 iPhone XS、iPhone XS Max 和 iPhone XR 的蜂窝移动网连接性，添加使用面容 ID 或触控 ID 更改或还原子女的"屏幕使用时间"密码，针对 iPhone X、iPhone 8 和 iPhone 8 Plus，增加了性能管理功能来避免设备意外关机，用户可以选择停用此功能，"电池健康"更新后可验证 iPhone XS、iPhone XS Max 和 iPhone XR 的电池是否是正品。

苹果公司系列产品

iMac 系列

1998 年，苹果公司推出 iMac 计算机，如图 1.26 所示。它的外壳由半透明的蓝色塑料制成，呈现出蛋形结构，与其他计算机设计有明显区别。时至今日，iMac 计算机的设计理念始终没有改变，那就是设计出众的高性能台式一体计算机。

图 1.26　iMac 计算机

2018 年 1 月推出全新 iMac Pro 计算机，如图 1.27 所示。它已经配备 18 核处理器，

Turbo Boost 最高可达 4.5GHz，最高可达 42MB 缓存，最高可达每秒 11 万亿次单精度浮点运算，最高可达 4TB 固态硬盘，3.3GB/s 写入速度，2.8GB/s 读取速度，最高可达 4400 万像素 5K 显示屏。当然这么高的配置价格也是非常高的，是目前所有苹果产品价格最高的一款产品。

图 1.27　iMac Pro 计算机

MacBook 系列

MacBook 从 2006 年推出至今，已经发展三个型号：MacBook 如图 1.28 所示、MacBook Air 如图 1.29 所示、MacBook Pro 如图 1.30 所示。三者各有优缺点，例如，MacBook 轻薄、续航能力佳，但接口少，需要准备转换接头，适应一般性工作；MacBook Air 续航能力强、接口丰富，逐渐失去原有轻薄优势，适合随身携带办公使用；MacBook Pro 性能最好，屏幕显示效果最佳，质量大小性能达到一个最完美的平衡，适合图形处理要求较高的工作需求。

图 1.28　MacBook　　　　图 1.29　MacBook Air　　　　图 1.30　MacBook Pro

iPad 系列

2010 年开始发布 iPad 系列产品，如图 1.31 所示。其定位介于 iPhone 和 MacBook 系列产品之间，与 iPhone 布局一样，由于不再局限键盘和鼠标的固定输入方式，大大挺高了 iPad 的移动性，便于随身携带及随时使用。

iPhone 系列

乔布斯从 2007 年推出第一款 iPhone，至今已经发展到 iPhone X。iPhone 系列产品如图 1.32 所示。iPhone 不断创新，大大提高用户体验的同时，对硬件的提升也发生了质的飞跃。可以说 iPhone 系列产品被系列产品一直是智能手机产品的引领者。

图 1.31　iPad 系列产品　　　　　　　　图 1.32　iPhone 系列产品

iPod 系列

iPod 是苹果公司设计的便携式多功能数字多媒体播放器，如图 1.33 所示。iPod 系列产品具有简单易操作的用户界面，大大提升人性化的操作方式，以及时尚外观，为 MP3 播放器带来了全新设计思路。

图 1.33　iPod 系列产品

1.3.3　Windows Phone 系统

Windows Phone（WP）系统是微软公司于 2010 年 10 月 21 日正式发布的一款手机操作系统，初始版本命名为 Windows Phone 7.0 系统，如图 1.34 所示。它采用了称之为 Metro（美俏）的用户界面设计风格，用户得到流畅的体验。

动态磁贴（Live Tile）是出现在 WP 中的一个新概念，这是微软公司的 Modern 概念，Modern UI 是长方图形的功能界面组合方块，要带给用户的是"glance and go"的体验。

Modern UI 是一种界面展示技术，和苹果公司的 iOS、谷歌公司的 Android 系统界面最大的区别在于：后两种都是以应用为主要呈现对象，而 Metro 界面强调的是信息本身，而不是冗余的界面元素。

图 1.34　Windows Phone 系统

Windows Phone 大事记

2010 年 10 月，微软公司正式发布 Windows Phone 智能手机操作系统的第一个版本，即 Windows Phone 7.0 系统，简称 WP7 系统，并于 2010 年年底发布了基于此平台的硬件设备。

2011 年 9 月 27 日，微软公司发布了 Windows Phone 系统的重大更新版本 Windows Phone 7.5 系统，首度支持简体中文与繁体中文。

2012 年 6 月 21 日，微软公司召开发布会，正式发布全新操作系统 Windows Phone 8。Windows Phone 8 系统放弃了老旧的 WinCE 内核，改用与 Windows 8 系统相同的 NT 系统内核。Windows Phone 8 系统也是第一个支持多核 CPU 的 WP 版本，宣布 Windows Phone 系统进入多核时代。

2015 年 1 月 22 日，微软公司召开主题为"Windows 10，下一篇章"的 Windows 10 系统发布会，发布会上提出 Windows 10 将是一个跨平台的系统，支持手机电脑、平板、笔记本电脑、二合一设备、PC。至此，Windows Phone 系统退出历史舞台。基于 Windows 10 系统平台产品如图 1.35 所示。

图 1.35　基于 Windows 10 系统平台产品

1.4 文件存储格式

1.4.1 GIF 格式

图像互换格式（Graphics Interchange Format，GIF），是 CompuServe 公司在 1987 年开发的图像文件格式，压缩率一般在 50% 左右。GIF 格式的优点是体积小、成像较清晰；缺点是只能支持 256 色，色彩数量较少，但可以用来生成动画，所以沿用至今。

1.4.2 JPEG 格式

JPEG（Joint Photographic Experts Group）是在国际标准化组织（ISO）领导下制定静态图像压缩标准的委员会名称的英文缩写。JPEG（JPG）格式就是该委员会制定的。由于 JPEG 格式优良的品质，被广泛应用于互联网和数码相机领域，大部分使用的图像都采用了 JPEG 格式压缩标准。

1.4.3 PNG 格式

便携式网络图形（Portable Network Graphics，PNG）格式是一种无损压缩的位图格式。PNG 格式的特点是体积小、无损压缩、索引彩色模式、更优化的网络传输显示、支持透明效果，还支持真彩和灰度级图像的 Alpha 通道透明度，最高支持 24 位真彩色图像及 8 位灰度图像。目前，它是移动产品使用图片的主流格式。

1.4.4 SVG 格式

可缩放矢量图形（Scalable Vector Graphics，SVG）格式是基于可扩展标记语言（标准通用标记语言的子集），用于描述二维矢量图形的一种图形格式。它由万维网联盟制定，是一个开放标准，与诸如 DOM 和 XSL 之类的 W3C 标准是一个整体。

1.5 如何进行手机 UI 设计

1.5.1 UI 设计的流程

一套完整的 App 设计流程要先由产品经理、用户调研、交互设计师等进行需求分析、市场分析、用户研究等工作，得出信息架构和操作流程；然后交互设计师设计出原型图；再交由视觉设计师完成视觉设计，最后交给开发人员写前端和后端代码，测试上线。App 设计流程如图 1.36 所示。

图 1.36 App 设计流程

由此可以看出，UI 设计只是其中的一个环节，开发一个 App 需要很多部门协同完成，App 各阶段工作流程图如图 1.37 所示。而 UI 设计师工作包括绘制原型图、效果图、切图等。

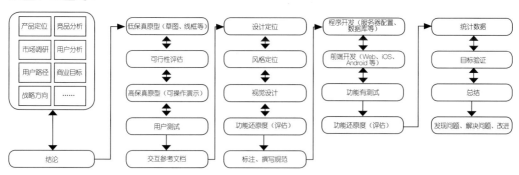

图 1.37 App 各阶段工作流程图

设计前的交流讨论

明确定位目标用户

产品设计早期规划时要确定产品为哪些用户开发，不论多么优秀的产品都不可能满足每个用户的需求。因此，要选择一个特定的用户群体为主要目标用户群，这样才能做到有的放矢，集中精力为目标用户开发产品。

调查目标用户的特点

通过调查或测试的方法来获取并整理用户的想法，重复理解潜在用户的相关特性。

确定界面风格

根据目标人群特点，确定适合于界面的风格。例如，当制作电商类界面时，可以选择暖色、刺激性颜色，让用户产生消费冲动；当制作旅游类界面时，可以选择冷色、绿色或蓝色，让用户感觉干净、清爽、环保。

草图设计

UI 设计师要养成一个好习惯：随身携带笔和本子。尤其在交流讨论获得信息后，不定时的就会在脑子中形成构图，设计师要快速地将脑子中的构图实现在纸上。当然草图一般不会一次定稿，需要在后期反复修改和讨论。所以作为 UI 设计师要多沟通、多思考、多动手。

软件绘制界面

交互设计师完成原型交互设计后，UI 设计师使用软件对原型图进行视觉呈现，让界面变得更加艳丽。

常用软件工具

Illustrator

Illustrator：矢量图形设计软件。它具有造型能力强大、使用方便的特点。该软件主要应用于印刷出版、海报书籍排版、专业插画、多媒体图像处理和互联网页面的制作等，也可以为线稿提供较高的精度和控制，适合生产任何小型设计到大型的复杂项目。作为 UI 设计的主要工具之一，更多使用它来设计线性图标、扁平图标、复杂图标的线稿等。Illustrator CC 2017 启动界面如图 1.38 所示。

图 1.38　Illustrator CC 2017 启动界面

Photoshop

Photoshop：图形处理软件。Photoshop CC 2017 启动界面如图 1.39 所示。它主要处理以像素构成的数字图像。通过使用 Photoshop 众多的编辑与绘图工具，可以有效地进行图片编辑工作。从 2013 年推出 Photoshop CC 版本之后，不断对其加强针对移动产品设计功能的开发和升级，Photoshop 已经成为 UI 设计最重要的工具之一。

图 1.39　Photoshop CC 2017 启动界面

Cinema 4D

Cinema 4D（C4D）：非传统的 3D 创作软件。Cinema 4D R18 启动界面如图 1.40 所示。Cinema 4D 更加注重工作流程的流畅性、舒适性、合理性、易用性和高效性。因此，使用 Cinema 4D 会让设计师在创作设计时感到非常舒服，在使用过程中更加便捷，有更多的精力置于创作之中，即使是新用户，也会感觉到 Cinema 4D 的上手非常容易。

由于 C4D 具有强大的 3D 创作能力与上手快的特点，所以很多 UI 设计师在构建三维场景时，首选 C4D。

图 1.40　Cinema 4D R18 启动界面

After Effects

After Effects：一款图形视频处理软件。After Effects CC 2017 启动界面如图 1.41 所示。它被用于实现设计视频特技的效果。现在 UI 设计师更愿意使用 After Effects 来实现 App 交互效果或动画效果，以增强作品的感染力。显然，现在会使用 After Effects 的 UI 设计师更受用人单位青睐。

图 1.41　After Effects CC 2017 启动界面

Sketch

Sketch：一款轻量、易用的矢量设计工具。它是为图标设计和界面设计而设计产生的。Sketch 容易被理解并操作起来简单，有经验的设计师花上几个小时便能将自己的设计技巧在 Sketch 中自如运用。但遗憾的是，它现在只能在 Mac 平台上使用，暂时不支持 PC。Sketch 主界面如图 1.42 所示。

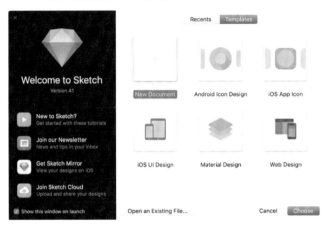

图 1.42　Sketch 主界面

1.5.2　UI 设计原则

要设计出一款好的 UI 作品，除要了解设计流程、灵活使用软件外，还要特别注意一些设计原则。这些设计原则将让设计师在设计过程中使用每个元素或设计都有理有据，更加合理。

1. 界面设计要清晰

在界面设计中，内容清晰是首要原则。只有设计出的产品可以让用户在使用时清楚地识别功能和内容，让界面处在用户的掌控之中，减少用户的思考，才能吸引用户长时间重复使用，如图 1.43 所示。

图 1.43　界面设计清晰

2．功能决定视觉设计风格，每个界面都要有一个主题

设计师在设计时首先要满足界面的功能性，优秀的界面都是为了促进交互而存在的。这也是先绘制原型图，再根据原型图设计视觉效果的原因。界面内的功能决定了设计风格的样式，所以一般同类的App界面设计风格都是大同小异的。如图1.44所示，旅游类App界面布局大同小异。

图 1.44　旅游类 App 界面布局

3．界面设计要统一

为了保证不同界面功能的统一性，要把相同的功能放在相同的位置。应该使字体、字号、颜色、线条粗细、按钮、功能控件、提示文字等元素保持一致性，让用户在使用时能够快速找到内容，操作有连贯性。头条App界面设计如图1.45所示。

图 1.45　头条 App 界面设计

4．设计元素形象化

在设计功能按钮、控件时，图形元素的使用尽量更加形象化，以减少用户在使用时的思考时间，快速辨识按钮或控件代表的功能，其示例如图1.46所示。

图 1.46　图形元素形象化的示例

5．多种输入方式

在考虑设置输入方式时，尽可能减少键盘输入方式，多使用其他输入方式，便于用户在不同场景使用 App 时都能快速输入，如扫码输入、拍照输入、语音输入、生物验证输入等输入方式，如图 1.47 所示。

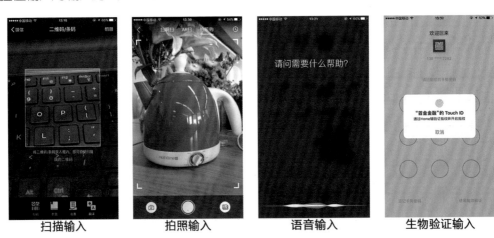

图 1.47　多种输入方式

6．界面设计内容实用

界面设计时如果只追求美观，而忽略了页面上的功能或内容，则这个界面将是一个失败的作品。由于移动 UI 界面尺寸有限，合理地设计控件、按钮，以及展现用户需要的内容，才是界面设计的关键。另外，在首屏要放置最常用的导航资源，并且导航系统必须清晰明了，方便用户快速掌握 App 的操作方法，降低用户的学习成本。界面设计内容实用的示例如图 1.48 所示。

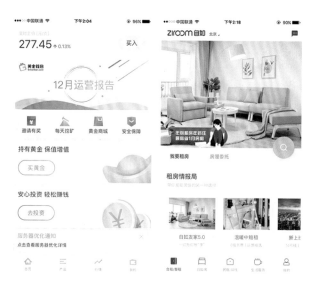

图 1.48　界面设计内容实用的示例

7．界面设计有层次感

通过强烈的视觉层次感来实现界面中信息的浏览顺序，方便用户在浏览不同界面时能够快速找到界面中重要的信息，必要时可以添加动态图加以引导，如图 1.49 所示。

图 1.49　界面设计有层次感的示例

8．控制信息的维度和层级

在界面设计过程中，要控制信息的维度，要让用户快速找到需要的信息所在位置，便于快速浏览信息。层级的设计要有条理，时刻提醒用户所在位置，该如何进行下一步操作。在设置界面跳转时引导过程不能复杂，不要引起用户反感。例如，在"个人中心"界面，单击"官方客服"，再单击预留的问题，会自动得到相关答案。整个界面跳转清晰、明确。图名如图 1.50 所示。

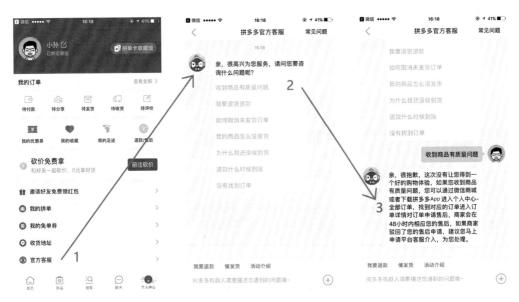

图 1.50 控制信息的维度和层级的示例

思考与练习

1. 理解并描述 UI、UE 发展过程及特点。
2. 了解 iOS 和 Android 系统的发展历程及特点。
3. 理解各种文件格式的生成方式和应用场景。
4. UI 设计流程和设计原则。
5. 从事 UI 设计工作要掌握的软件。

第 2 章

2

主题图标设计

2.1 图标 / 28

2.2 主题图标 / 30

2.3 图标设计规范及技巧 / 32

思考与练习 / 40

2.1.1 图标概念

图标（Icon）是指具有明确指代含义的计算机图形，如图 2.1、图 2.2 所示。设计成功的图标能够给用户优良的视觉感受和操作体验。

图 2.1　Windows 系统中的程序图标

图 2.2　Mac 系统中的程序图标

2.1.2 图标分类

按照功能分类可以把图标分为系统图标、应用图标、功能图标。

- ✧ 系统图标是指系统安装后自动出现的图标，如我的电脑、我的文档、网上邻居、回收站等。
- ✧ 应用图标是指桌面上除系统图标以外的图标，如各种应用程序的启动图标。
- ✧ 功能图标是指能指引用户完成某项功能的图标，如联系人、电话、设置等图标。

按照设计风格可以把图标分为线形图标、扁平图标、拟物/写实图标。

- ✧ 线形图标，顾名思义就是用线将图形表现出来，通过调整线条的粗细、走向等来丰富细节的表达，如图 2.3 所示。

图 2.3　线形图标

◆ 扁平图标。

设计图标时，去掉冗余的装饰效果，让"信息"本身作为核心凸显出来，并且在设计元素上强调抽象、极简、符号化，如图 2.4 所示。

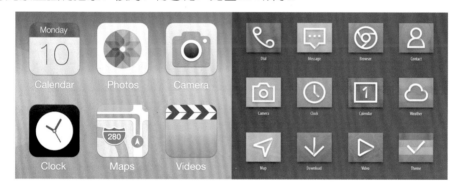

图 2.4　扁平图标

◆ 拟物 / 写实图标。

设计 / 写实图标效果与真实物体相似或相同，如图 2.5 所示，便于用户理解图标的所代表的功能，降低用户学习成本。

图 2.5　拟物 / 写实图标

2.2 主题图标

2.2.1 主题图标概念

具有共同主题的图标称为主题图标。主题图标通过网络被下载后安装到手机中使用，能充分展现用户个性。一般来说，设计时不会单独设计主题图标，同时还要设计主题壁纸、控件、解锁界面等，这样用户才会感到产品的统一性和完整性。如图2.6~图2.9所示为学生作品展示。

图2.6 程璨《渐变》

图2.7 王妍《那些年我们一起走过》

图2.8 王新楠《萝卜也疯狂》

图2.9 郁明《蒸汽朋克》

2.2.2 常用主题图标名称

常用主题图标都包含：电话（telephone）、电子邮件（E-mail）、短信（message）、计算器（calculator）、快速打开（fast）、联系人（user）、浏览器（browser）、手电筒（flashlight）、日历（calendar）、设置（setting）、时间（clock）、收音机（radio）、下载（download）、相册（picture）、相机（camera）、音乐（music）、游戏（game）、主题商店（theme store）、意见反馈（feedback）、应用商店（App store）等。如图2.10~图2.13所示为学生作品展示。

图 2.10　郑迪《小吉》

图 2.11　龚蔚琳《误吃了 icon 的植物僵尸们》

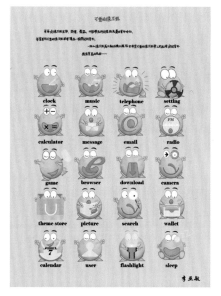

图 2.12　李亚敏《可爱的绿豆蛙》

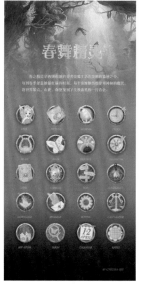

图 2.13　邱辛欣《春舞精灵》

在为主题图标命名时要使用常用的、被绝大多数用户认可的名字，图标名称与图标功能要对应，要使用英文命名，可以是全称也可以是缩写，但一定不要拼写错误。

2.3 图标设计规范及技巧

2.3.1 图标设计规范

1. 图标识别性要强

图标设计最重要的就是识别性要强。图标不同于其他的图形设计，图标首先要展示功能性，然后才展示视觉效果。用户在使用图标时都是在短时间、零思考状态下进行的，一个图标设计得非常精美，但是所代表的功能表现得非常差，或者模棱两可，那么这个图标设计并不是成功的，所以判断一个图标设计成功的最主要的标准就是识别性。如图 2.14 所示为学生作品展示。

图 2.14　裴儒琪《直挂云帆》、汪小龙《轻盈》

2. 图标要有一致性

图标的一致性包括造型、颜色、材质、透视角度、光影效果等。

造型一致性：在设计图标时，不论是外框（根据设计需要可以不用外框），还是图标内部的功能图形，造型都要保持一致性，包括线条的粗细及图形的圆角值等。如图 2.15 所示为学生作品展示。

图 2.15　金红花《晚霞》、何魁《做自己心中的英雄》

颜色一致性：在设计图标时，使用颜色也要保证一致性，如色系一致、色调一致、灰度一致等。一般建议初学者在使用颜色时控制颜色数量不超过3种（不包括中性色），以方便对颜色理解和掌握。图标颜色一致性的示例如图 2.16 所示。

图 2.16　图标颜色一致性的示例

材质一致性：在设计过程中，经常会通过材质来表现质感，但是在设计一套作品时材质的数量控制在 3 种之内，因为如果材质过多的话，也会给用户造成视觉疲劳，产生厌恶感；另外，还要注意材质在使用时合理搭配，才能有吸睛的效果展示。例如，"金属＋皮革""木板＋纸"等效果都非常经典。如图 2.17 所示为学生作品展示。

图 2.17　于美萌《林韵》、郁明《蒸汽朋克》

透视角度一致性：透视要遵循的原则是"近大远小，近实远虚"，在设计过程中，除了要遵循透视原则，还要注意角度的一致性。如果图标在设计时都是向左倾斜的，就不要出现不倾斜或向别的方向倾斜。如图 2.18 所示为学生作品展示。

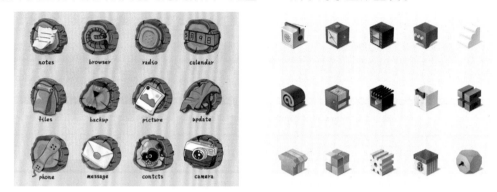

图 2.18　学生作品《生于野，安于室，归于尘》、《cube》

光影效果一致性：在设计过程中，肯定要通过光影效果来增加视觉层次感，但是使用时要注意角度的一致性，注意高光与阴影角度要保持统一。如图 2.19 所示为学生作品展示。

图 2.19　张海丽《炫酷简约》、詹欣《玉韵》

3．平衡视觉差

由于眼睛的视觉差别，在设计过程中往往会出现视觉差。大小、比例和颜色是最容易出现视觉差的基本参数，所以必要时即便值相同，也要手动再调整，保证视觉差的一致性，如图 2.20 所示。

图 2.20　平衡视觉差的图标示例

4．避免使用文字做图标

一些图标在设计时，用户愿意使用企业或产品的首字母设计为图标，但最好避免出现这样的做法。因为如果是字母的话容易雷同，所以最好的方法是将文字图形化（再加工创造），如图 2.21 所示，或者是代表企业或产品的标志性象征，如图 2.22 所示。

图 2.21　《PATH》文字图形化处理　　　　图 2.22　《印象笔记》企业 Logo 作为图标

5．避免使用图片做图标

写实图标固然精美，如图 2.23 所示，但是对设计师的要求也是比较高的，不是所有的设计师都具备设计写实图标这样的能力。如果直接拿图片做图标的话，会让用户有一种胡乱拼凑的印象，如图 2.24 所示。在苹果 App Stroe 上传图标审核时也会因此而不予以通过，拒绝产品上线。所以，提高设计师写实图标设计能力还是必要的。

图 2.23　写实图标　　　　　　　　　　图 2.24　图片做图标

6．适应不同场景应用

一个好图标在设计时就要考虑在不同背景、不同平台的显示效果。

应用图标在使用过程中会以多种不同的尺寸出现，如要上传到苹果 App Stroe 的图标尺寸要求是 1024px×1024px，而上传到 Android 应用商店的图标尺寸要求是 512px×512px；尺寸这么大的图标对于设计师来说可以进行很多创意和细节刻画。但是出现在手机主屏上的图标尺寸就比较小，为了保持图标的识别度，就要去除一些不必要的细节刻画，甚至进行重新设计，如图 2.25 所示。

图 2.25　适应不同场景使用的图标

2.3.2　图标设计流程

1．提炼特点

绘制图标时，首先要学会提炼内容，通过联想的设计思维方法打开设计思路，更快更准确地抓住提炼的内容，便于图标绘制。例如，我们要绘制一个熊猫的图标，首先我们先想一下熊猫的外形特点：圆圆的脑袋、半圆形的耳朵、椭圆形的眼睛、倒三角形的鼻子、曲线形的嘴，掌握住这些特点，熊猫图标很快就能够被绘制出来了，如图 2.26 所示。

图 2.26　提炼特点的图标

2．竞品分析

市面上大量存在类似主题的 App，这样在做图标时很有可能出现雷同。例如，微信、陌陌、WhatsApp 等产品的图标都使用气泡的元素，显然，气泡代表了语言的传达。那么要设计一个独特的图标，首先应该看看同行的图标设计是什么样子的，通过筛选分析，调整图形设计细节，做到与同行的有所不同，这样才能达到吸引用户眼球的目的，如图 2.27 所示。

微信　　　　QQ　　　　陌陌　　　WhatsApp

图 2.27　竞品分析

3. 确定设计风格

根据 App 的主题类型选择一种合适的风格运用到图标中，如拟物风格、扁平风格等。目前，扁平化的设计风格属于流行趋势，这虽然降低了设计难度，但增加了图形设计提炼难度，如图 2.28 所示。

图 2.28　图标设计风格的比较

4. 细节刻画

图标的图形整体设计好后，为增加图标的层次感和细节刻画，再通过设计方法适当调整细节，提高图标的表现力，如图 2.29 所示。

原图　　　　　　　　　　形状绘制　　　　　　　　　刻画细节

图 2.29　细节刻画的图标

5. 场景测试

一个图标设计完成后，由于使用的手机品牌或型号过多，分辨率也会有很多，因此需要设计出来的图标能够适应大多数手机系统，并方便被应用。一般图标上线前，设计师都会在应用场景中对其进行测试。

2.3.3　图标设计方法

1. 正负形组合

正负形组合是一种十分常见的设计方法，主图形（一般面积比较大）与辅助图形通过相互组合、叠加或抠除，组成新的图形，如图 2.30 所示。通过正负形组合设计，提高应用图形的信息承载能力和表达功能，视觉上具有更强的错视感和冲击力，同时还丰富了应用图形的表现力。

图 2.30　正负形组合设计的图标

2．线性图标

线性图标可以通过提炼图形的轮廓设计各式线性图形；也可以通过线的变化（粗细、走向、连接或中断等），形成各种风格，设计提炼难度大。如图 2.31 所示为学生作品展示。

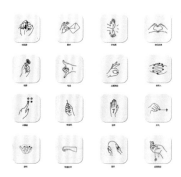

图 2.31　金红花《晚霞》、王亚林《空手道》

3．色块拼合

把图形通过有规律的分割，并填充颜色，颜色的表现顺序可参照色环的颜色分布，如图 2.32 所示。这种设计方法的颜色效果自然和谐，不会出现太刺激的颜色，比较适合初学者。

图 2.32　色块拼合的图标

4．透明渐变

通过对图形放大或缩小再叠加上不同透明度的颜色，形成层次丰富、形态饱满的图形组合。这种设计方法充满想象力，也会营造一种朦胧美，常用于同色相颜色变化处理，如图 2.33 所示。

图 2.33 透明渐变的图标

5. 图形复用

通过对设计好的主图形进行复制，然后调整透明度或大小变化，产生图形重复之美，如图 2.34 所示。

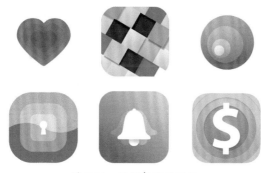

图 2.34 图形复用的图标

6. 背景组合

当设计的图形过于单调时，可以适当对背景进行设计处理，增加符合主题的元素，或者条纹、格纹等元素。这种设计更具多元化，增强视觉感，更有活力，如图 2.35 所示。

图 2.35 背景组合的图标

7. 局部放大

当一个为凸显 App 功能的图标比较大，不适合在图标中展示时，可以通过局部放大的方法，提取具有代表性的元素展示，如图 2.36 所示。

图 2.36　局部放大的图标

8. 折叠图形

通过一些微渐变的设计方法，对图形轮廓、结尾或转角处做微效果处理，产生类似折叠的效果，增加层次感，显得图形更生动，如图 2.37 所示。

图 2.37　折叠图形的图标

思考与练习

1. 理解图标概念，并且能准确判断图标流行趋势。

2. 准确判断图标的各种类型，并且准确描述图标特点。

3. 理解什么是主题图标，掌握主题图标的类型。

4. 熟记常用图标中、英文命名方法。

5. 掌握并准确描述图标设计规范。

6. 掌握图标设计流程和不同类型素材设计成图标的方法。

7. 设计一套主题图标（主题自拟，可手绘），主题如春天、运动、卡通、年代、小清新等。

第 3 章

3

Illustrator 图标设计

3.1 Illustrator 概述 / 42

3.2 Illustrator 基础操作 / 45

3.3 组合对象 / 75

3.4 扩展、扩展外观、轮廓化描边、文字轮廓 / 81

3.5 图标设计技法 / 82

思考与练习 / 113

Illustrator 是一种应用于出版、多媒体和在线图像的工业标准矢量插图的软件，作为一款非常好的矢量图形处理软件，它主要应用于印刷出版、海报书籍排版、专业插画、多媒体图像处理和互联网页面的制作等，也可以为线稿提供较高的精度和控制，适合完成生产任何小型设计及大型的复杂项目设计。

3.1.1 Illustrator 发展历程

Illustrator 是 Adobe 公司推出的基于矢量的图形处理软件。它是为苹果公司麦金塔电脑而设计开发的，1987 年 1 月发布。历经三十年的发展，目前最高版本为 Illustrator CC 2018。

3.1.2 Illustrator 应用领域

Illustrator 广泛应用于广告设计、CI 策划、网页设计、插图创作、产品包装设计、图标设计等领域。

1. 广告设计

在广告设计中，Illustrator 起着非常重要的作用，无论是海报、招贴，还是书籍装帧，都需要 Illustrator 完成图像丰富的平面印刷品。海报设计如图 3.1 所示。

图 3.1　海报设计

2. CI 策划

CI，也称 CIS，是英文 Corporate Identity System 的缩写，一般译为"企业视觉形

象识别系统"。CI 设计就是有关企业视觉形象识别的设计，包括企业名称、标志、标准字体、色彩、标语等方面的设计，如图 3.2 所示。

图 3.2　企业 Logo 设计

3．网页设计

Illustrator 在网页设计中主要辅助设计 Logo、网络商标，以及视觉上的排版，如图 3.3 所示。

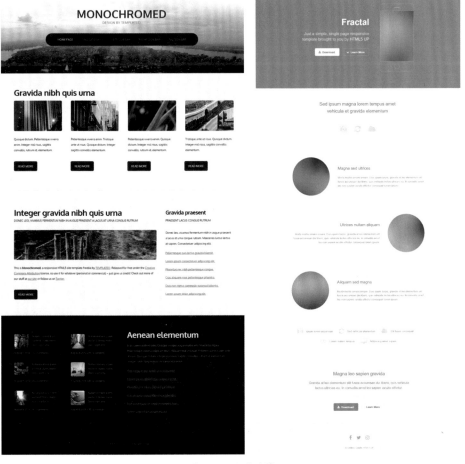

图 3.3　网页设计

4．插图创作

插图设计是运用图案的表现形式，使用 Illustrator 可以运用分割、直线与色彩的反复创造出平面与单纯化效果，能够灵活、方便地进行插图创作，如图 3.4 所示。

图 3.4　插图创作

5．产品包装设计

产品包装设计是指选用合适的包装材料，针对产品本身的特性及受众的喜好等相关因素，运用巧妙的工艺制作手段，为产品进行的容器结构造型和包装的美化装饰设计，如图 3.5 所示。Illustrator 可以将图像转换成可编辑的矢量图案，设计师在应用的过程中得心应手，轻松满足客户对于产品的高要求。

图 3.5　产品包装设计

6．图标设计

随着移动互联网产品的普及，大量的图标设计需要设计师能够快速产出和迭代，如图 3.6 所示。而 Illustrator 快速、准确造型的优势，给设计师带来了便利。

图 3.6　图标设计

3.2.1　工作区概览

　　熟悉 Illustrator 的操作界面、工具箱、面板是深入学习软件的重要基础。通过本节课程的讲解，让大家了解工作区，快速掌握 Illustrator 的工作环境。

　　在默认的情况下，Illustrator 工作区包含菜单栏、画板、工具箱、面板和状态栏，如图 3.7 所示。

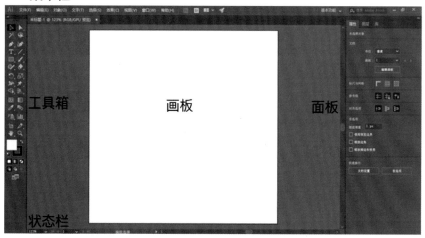

图 3.7　Illustrator CC 2018 工作区域

　✧ 菜单栏：包含用于操作的命令。单击菜单栏的各种命令，是实现主要功能的最基本的操作方式。

　✧ 画板：绘制和创意设计图稿，可以根据需求调整画板的大小和数量。

　✧ 工具箱：绘制和修改图形的工具。

◇ 面板：可以帮助监控和修改图稿和菜单。

◇ 状态栏：显示当前缩放级别和关于主题的信息，包括当前使用的工具、日期和时间、还原和重做次数、文档颜色配置文件的状态。

Illustrator CC 2018 把常用的工具都集中放在工具箱中，将功能相似的工具归类组合在一起。操作时将光标放在工具箱内的工具上停留几秒会显示工具的组合键，方便操作，提高工作效率。

工具箱中的工具图标有一种是图标右下角有一个小三角形，这表示有隐藏工具，单击该图标并按住鼠标左键不放，将会使隐藏的工具显示出来，如图 3.8 所示。

图 3.8　工具箱中的隐藏工具

Illustrator CC 2018 中的面板有三种视图模式，形象地称之为折叠视图、简化视图和普通视图，反复双击选项卡可完成视图的切换，如图 3.9 所示。

图 3.9　折叠视图、简化视图和普通视图

Illustrator CC 2018 中的面板将原来放在工作区上方的属性参数面板改放在右侧面板处，成为独立的属性面板，并且把图形的属性参数都集中到该面板中，这样便于面板内参数的设置和修改，同时也增加了工作区的展示区域，如图 3.10 所示。

图 3.10 属性面板

3.2.2 新建 Illustrator 文档

在 Illustrator CC 2018 版本中有两种新建文档的方法。

（1）打开软件后，自动出现"开始"工作区，在该区域内显示最近使用或打开过的文件或素材，以及创建新文档的按钮，如图 3.11 所示。可以通过"编辑">"首选项">"常规"操作进行打开或关闭设置，如图 3.12 所示。

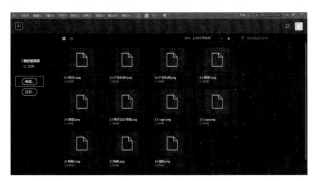

图 3.11 "开始"工作区

图 3.12 打开或关闭"开始"工作区

（2）选择"文件">"新建"命令（或按"Ctrl+N"组合键），弹出新版"新建文档"界面，如图 3.13 所示。新旧版"新建文档"界面可以通过"编辑">"首选项">"常规"操作进行设置，如图 3.14 所示。

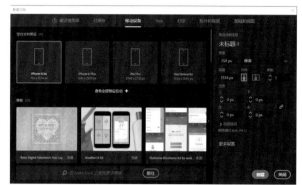

图 3.13　新版"新建文档"界面　　　　　　图 3.14　打开或关闭"新建文档"界面

下面以新版"新建文档"界面讲解参数。

选择创建"文档"类型"移动设备""Web""打印""胶片和视频""图稿和插图"，选择不同的类型，下列参数会发生对应变化。

◇ 名称：默认名称为"未标题 -1"，单击该处，可修改为自己所需要的名称。

◇ 宽度 / 高度：设置文档大小，注意单位的选择。常用单位有像素、毫米、厘米、英寸、点。

◇ 出血：指印刷时为保留画面有效内容预留出方便裁切的部分。出血的标准尺寸为 3mm，即沿实际尺寸加上 3mm 的边。

◇ 高级选项：包含颜色模式、光栅效果、预览模式等内容选择。颜色模式是根据设计作品的用途进行设置的。如果设计的是印刷产品，则颜色模式设置为 CMYK 颜色；如果设计的是电子类平台展示产品，则颜色模式设置为 RGB 颜色。光栅效果就是像素密度。如果设计的是印刷产品，则修改为 300ppi；如果设计的是电子类平台展示产品，则保持默认值 72ppi 不变。预览模式取默认值即可。

3.2.3　保存 Illustrator 文档

文件进行处理后，需要及时保存，以免出现意外造成文件丢失。在 Illustrator CC 2018 中可以使用不同的命令保存文件，包括"存储""存储为""存储为模板""存储为 Web 所用格式"。

1．"存储"命令

选择"文件">"存储"命令，即可将文件以原有格式进行存储，且保存在原位置处。

2. "存储为"命令

选择"文件">"存储为"命令，可以将当前文件保存为其他名称和格式，或者将其存储到其他位置。

3. "存储为模板"命令

选择"文件">"存储为模板"命令，可以将当前文件保存为一个模板文件。

4. "存储为 Web 所用格式"命令

选择"文件">"存储为 Web 所用格式"命令，可以创建 PNG、JPEG、GIF 文件。

3.2.4　保存文件类型

在 Illustrator CC 2018 版本中可以保存的文件类型如下。

AI：Illustrator 的专用源文件格式，向下兼容低版本生成的文件，可以保留所有文件数据。

PDF：支持跨平台及多媒体集成的信息出版和发布。以 PostScript 语言图像模型为基础，无论在哪种打印机上都可保证精确的颜色和准确的打印效果，即 PDF 会准确再现原稿的每一个字符、颜色及图像。

EPS：　EPS 文件是目前桌面印刷系统普遍使用的通用交换格式中的一种综合格式。它由一个 PostScript 语言的文本文件和一个（可选）低分辨率的由 PICT 或 TIFF 格式描述的代表像素组成。EPS 文件就是包括文件头信息的 PostScript 文件，利用文件头信息可使其他应用程序将此文件嵌入文档。

AIT：Illustrator 模板文件格式。

SVG：一种开放标准的矢量图形语言，用户可以直接用代码来描绘图像，可以用任何文字处理工具打开 SVG 图像，通过改变部分代码来使图像具有交互功能，并且可以随时插入到 HTML 中通过浏览器来预览。

SVGZ：是 SVG 的压缩版，但是兼容性偏差，不方便用代码来描绘图像。导出后可以直接用浏览器观看。

3.2.5　导出文件类型

在 Illustrator CC 2018 版本中可以导出的常用文件类型如下。

DWG：DWG 格式是由 AutoCAD 绘图软件绘制出来的图形保存的文件格式，Illustrator 可以导出该格式，便于图形文件跨平台使用。

BMP：Windows 操作系统中的标准图像文件格式。

JPEG：JPEG（Joint Photographic Experts Group）是在国际标准化组织（ISO）

领导下制定静态图像压缩标准的委员会名称的英文缩写。JPEG（JPG）就是该委员会制定的。由于 JPEG 优良的品质，被广泛应用于互联网和数码相机领域，这些领域使用的大部分图像都采用了 JPEG 压缩标准。

PSD：Photoshop 的专用源文件格式。这种格式可以存储 Photoshop 中所有的图层、通道、参考线、注解和颜色模式等信息。

PNG：便携式网络图形（Portable Network Graphics，PNG）是一种无损压缩的位图格式。其体积小、无损压缩、索引彩色模式、更优化的网络传输显示，支持透明效果，还支持真彩和灰度级图像的 Alpha 通道透明度，最高支持 24 位真彩色图像及 8 位灰度图像。目前，它是移动产品所用图片的主流格式。

TGA：TGA 的结构比较简单，属于一种图形、图像数据的通用格式，TGA 格式支持压缩，使用不失真的压缩算法。在多媒体领域有很大的影响力，是计算机生成图像向电视转换的一种首选格式。

TIFF：标签图像文件格式，简写为 TIFF。它是一种用来存储照片和艺术图在内的图像文件格式。TIFF 文件格式适用于在应用程序之间和计算机平台之间交换文件，它的出现使图像数据交换更加便利。

3.2.6　辅助工具的使用

1．标尺和零点

标尺可以帮助设计者在画板中精确地放置和度量对象。启动标尺后，移动光标时标尺会显示光标的精确位置。选择"视图" > "显示 / 隐藏标尺"命令，或者按"Ctrl+R"组合键切换，可以显示 / 隐藏标尺。显示"标尺"如图 3.15 所示。

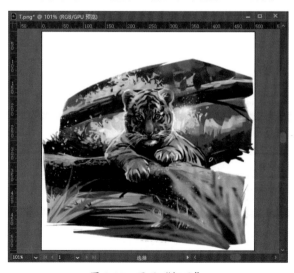

图 3.15　显示"标尺"

在标尺上显示 "0" 的位置为标尺原点即零点，默认标尺原点位于画板左上角。如果需要更改标尺原点，可将鼠标指针移到左上角，按住左键拖曳至新原点处，如图 3.16 所示。如果要恢复标尺原点为默认的位置，则在左上角处双击即可。

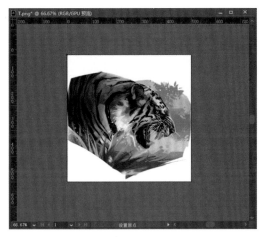

图 3.16　修改标尺原点位置

2．参考线

在绘制图形的过程中，拖曳出的参考线可以辅助设计师完成精确绘制。使用参考线首先要 "显示标尺"，然后将光标移动至水平或垂直标尺上，按住左键不放向工作区拖曳出参考线，如图 3.17 所示。可以通过 "视图" > "参考线" > "锁定参考线 / 解锁参考线" 操作，锁定参考线或解锁参考线。

删除参考线需选中参考线后，按 "Delete" 键，即可删除。

注意： 在 Illustrator 中，参考线可以作为设计素材参与设计过程，可以理解是无限延长的直线，可以参与布尔运算等操作。

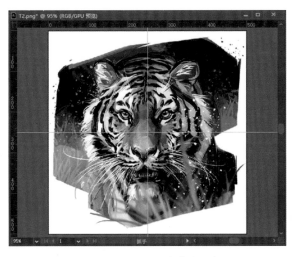

图 3.17　设置参考线

3. 网格

网格显示在画板的后面，不会被打印出来，但是可以方便对象对齐。可以通过"视图">"显示网格/隐藏网格"操作，显示或隐藏网格。显示网格如图 3.18 所示。

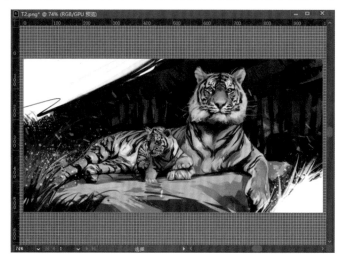

图 3.18　显示网格

3.2.7　选择对象

1. 选择工具

【选择工具】 是最常用的工具，可以选择、移动或调整对象，快捷键为"V"，缩放对象和复制对象如图 3.19 和图 3.20 所示。

- ◇ 按住"Shift"键，单击对象可加选多个对象并激活其边框，也可以拖曳出矩形框框选多个对象。
- ◇ 按住"Ctrl"键，单击选取不同前后次序的对象。
- ◇ 按住"Alt"键，单击并拖曳对象，可复制该对象。

图 3.19　缩放对象

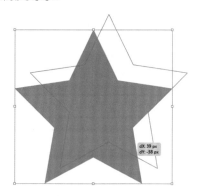

图 3.20　复制对象

2．直接选择工具

【直接选择工具】可以选择对象上的锚点，选中的锚点以实心表示，未选中的锚点以空心表示，快捷键为"A"，直接选择锚点如图 3.21 所示。选取锚点后，按"Delete"键，可以删除锚点；按方向键可以修改锚点位置。

图 3.21　直接选择锚点

3．编组选择工具

【编组选择工具】可以用来选择组内的对象或组对象，包括选取混合对象、图表对象等。用编组选择工具选择图表如图 3.22 所示。

图 3.22　编组选择工具选择图表

4．魔棒工具

【魔棒工具】可以用来选择具有相似属性的对象，如填充色、轮廓、不透明度等，快捷键为"Y"。魔术棒工具使用示例如图 3.23 所示。

图 3.23　魔术棒工具使用示例

5．套索工具

【套索工具】可以框选不规则范围的多个对象，如锚点或路径，快捷键为"Q"。套索工具使用示例如图 3.24 所示。

图 3.24　套索工具使用示例

3.2.8　对象编组

可以把多个对象编成一个组，统一进行处理，使用【选择工具】和【直接选择工具】可以选择编组中的不同级别的对象。

1．选择多个对象编组

要选择多个对象编组，可以选择"对象"＞"编组"命令，或者按"Ctrl+G"组合键，将选取的对象进行编组。

2．取消对象编组

选择要取消编组的对象，可以选择"对象"＞"取消编组"命令，或者按"Shift+Ctrl+G"组合键，将选取的编组对象取消编组。

3.2.9　对象对齐和分布

1．对齐对象

选取的对象可以进行对齐操作，执行"窗口"＞"对齐"操作，打开对齐锚点面板，如图3.25所示。

2．分布对象

选取的对象可以进行分布操作，在分布锚点面板中执行，如图 3.26 所示。

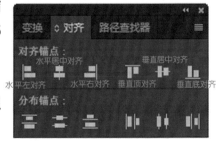

图 3.25　对齐面板

图 3.26 分布锚点面板

3. 分布间距

进行对象分布和对齐的操作时，还可以通过设置分布间距进行，分布间距面板如图 3.27 所示。

对齐类型有三种：对齐所选对象、对齐关键对象、对齐画板。

✧ 对齐所选对象，即以所选对象相互之间对齐。

✧ 对齐关键对象，即以所选对象为参照物，与所选对象对齐。

✧ 对齐画板，即所选对象以画板为参照物，所选对象相互对齐。

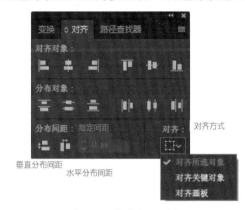

图 3.27 分布间距面板

3.2.10 绘图与变形工具

1. 基本绘图工具

在 Illustrator 中，有两组绘制基本图形的工具，如图 3.28、图 3.29 所示。

图 3.28 形状绘图工具

图 3.29 线性绘图工具

◇ 直线段工具

【直线段工具】用来绘制各种长度和倾斜角度的直线。在画板中拖曳鼠标可绘制直线段，按住"Shift"键可以绘制出 0°、45° 或 90° 方向的直线；当绘制精确方向和长度的直线时，可以在画板空白处单击鼠标左键，弹出"直线段工具选项"面板，如图 3.30 所示。

图 3.30　"直线段工具选项"面板

◇ 弧线工具

【弧线工具】用来绘制各种曲率和长短的弧线。在画板中从起点拖曳鼠标，至适当长度后释放鼠标，生成一条弧线（按"↑"或"↓"键，可以增加或减少弧线的曲率半径；弧线方向调整，按"X"键即可）；当绘制精确方向和长度的弧线时，可以在画板空白处单击鼠标左键确定弧线起点，同时弹出"弧线段工具选项"面板，如图 3.31 所示。

图 3.31　"弧线段工具选项"面板

◇ 螺旋线工具

【螺旋线工具】用来绘制各种螺旋线。在螺旋线起点处单击并拖曳鼠标，至适当位置后释放鼠标，生成一条螺旋线。当绘制精确尺寸的螺旋线时，可以在画板空白处单击鼠标左键确定螺旋线起点，同时弹出"螺旋线"面板，如图 3.32 所示。

图 3.32　"螺旋线"面板

✧ 矩形网格工具

【矩形网格工具】用于制作矩形内部的网格。在画板中单击鼠标左键确认矩形网格的起点，拖曳鼠标至适当位置后释放鼠标，即可绘制完成矩形网格（拖曳过程中，按"↑"或"↓"键调整行数，按"←"或"→"键调整列数）；当绘制精确矩形网格时，可以在画板空白处单击鼠标左键，同时弹出"矩形网格工具选项"面板，如图3.33所示。需要注意，在参数设置中，分别设置的是水平分隔线和垂直分隔线的数量，而不是矩形网格的行数和列数。

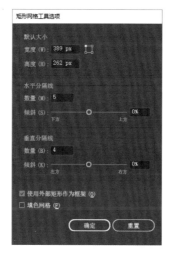

图 3.33 "矩形网格工具选项"面板

✧ 极坐标网格工具

【极坐标网格工具】可以用来绘制同心圆和确定参数的放射线段。在画板空白处单击鼠标左键确定起点，释放鼠标后确定极坐标网格；当绘制精确极坐标网格时，可以在画板空白处单击鼠标左键，同时弹出"极坐标网格工具选项"面板，如图3.34所示。

图 3.34 "极坐标网格工具选项"面板

◇ 矩形工具

【矩形工具】绘制矩形或正方形。在画板内按住鼠标左键沿对角线的方向向外拖曳，至合适位置释放鼠标，生成矩形；当绘制精确尺寸的矩形时，可以在画板中单击鼠标左键，弹出"矩形"面板，如图 3.35 所示。

图 3.35 "矩形"面板

◇ 圆角矩形工具

【圆角矩形工具】绘制圆角矩形或圆角正方形，"圆角矩形"面板如图 3.36 所示。其绘制方法与【矩形工具】基本相同。

图 3.36 "圆角矩形"面板

提示： 拖曳绘制矩形或圆角矩形时，按"←"或"→"键，可以调整圆角值，按住"Shift"键并拖曳鼠标，可绘制正方形或圆角正方形；按住"Alt"键并拖曳鼠标，可从中心点绘制矩形或圆角矩形；同时按住"Shift"键和"Alt"键拖曳鼠标，可从中心点向四周绘制圆角正方形。

◇ 椭圆工具

【椭圆工具】绘制椭圆形和圆形，与绘制矩形和圆角矩形方法相似。按住"Shift"键绘制圆形。

◇ 多边形工具

【多边形工具】绘制任意边数的多边形。在画板中按住鼠标左键并拖曳，至合适大小时释放，生成多边形；当绘制精确尺寸的多边形时，可以在画板中单击鼠标左键，弹出"多边形"面板，如图 3.37 所示。

图 3.37 "多边形"面板

❖ 星形工具

【星形工具】绘制各种星形。它与【多边形工具】的使用方法相同。

❖ 光晕工具

【光晕工具】创建带有光环的阳光灯。在画板中按住鼠标左键并拖曳，鼠标指针的落点为闪光的中心点，拖出来的长度就是放射光的半径，光晕效果如图 3.38 所示。当绘制精确光晕效果时，可以在画板中单击鼠标左键，弹出"光晕工具选项"面板，如图 3.39 所示。

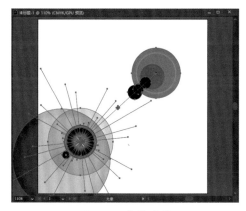

图 3.38　光晕效果

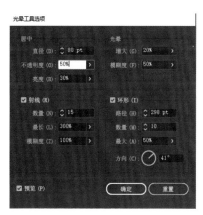

图 3.39　"光晕工具选项"面板

2．钢笔工具

【钢笔工具】属于矢量绘图工具，其面板如图 3.40 所示。可以绘制平滑的曲线；绘制出来的曲线称为路径，分为开放路径和闭合路径两种。该工具控制灵活，可以绘制出精准、复杂的各类图形。

图 3.40　"钢笔工具"面板

绘制直线：在画布上单击一点，再单击一点，完成直线绘制，效果如图 3.41 所示。

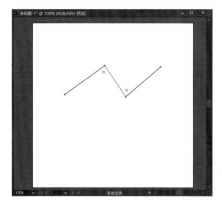

图 3.41　钢笔绘制直线效果

绘制曲线：在画布上单击一点，再单击一点，按住鼠标左键不放并拖曳，完成曲线绘制，效果如图 3.42 所示。

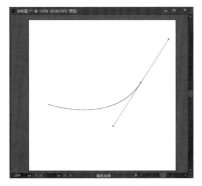

图 3.42　钢笔绘制曲线效果

绘制转折曲线：在画布上单击一点，再单击一点，按住鼠标左键不放并拖曳，将一条弧线绘制好；按住"Alt"键不放，再单击第二个点，右侧滑竿消失，再单击生成下一个点，按住鼠标左键不放并拖曳，绘制出转折曲线，效果如图 3.43 所示。

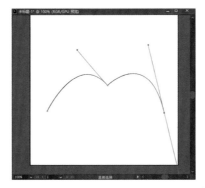

图 3.43　钢笔绘制转折曲线效果

绘制转折椭圆形：在画布上单击一点，再单击一点，按住鼠标左键不放并拖曳，绘制好第一条弧线；单击第二个点，这时可以看到向下的方向线没有了，再单击第一个点按住鼠标左键不放并拖曳，就绘制出一个封闭的转折椭圆形，效果如图 3.44 所示。

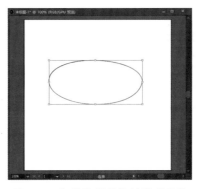

图 3.44　钢笔绘制转折椭圆形效果

3. 添加描边与填充

在 Illustrator 中，提供了大量的应用颜色与渐变的工具，包括工具箱、色板面板、颜色面板、拾色器和习惯工具等，可以方便地将颜色与渐变应用于绘制的对象与文字内。描边则将颜色应用于轮廓，填充将颜色渐变等应用于填充对象。

✧ 通过"拾色器"面板选择填充颜色，如图 3.45 所示。可以以十六进制方式（#FFFFFF）指定颜色，也可以通过设置 RGB、Lab 或 CMYK 颜色模型来定义颜色，还可以通过打开"颜色色板"面板设定颜色，如图 3.46 所示。

图 3.45　"拾色器"面板　　　　　　图 3.46　"颜色色板"面板

✧ 渐变是两种或多种颜色混合或同一种颜色的两个色调间的逐渐混合。渐变是通过渐变条中的一些列色标定义的。色标为渐变中心的一点，也就是以色标为中心，向相反的方向延伸，而延伸的点就是两种颜色的交叉点，即这种颜色过渡到另一种颜色上。默认情况下，渐变一两种颜色，中心点在 50% 处，如图 3.47 所示。可以将"色板"面板或"库"面板中的渐变应用于对象，也可以使用"渐变"面板创建渐变并命名，以方便下次使用。"色板"面板如图 3.48 所示。

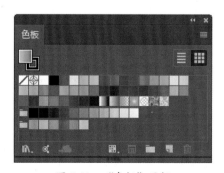

图 3.47　渐变中心点的位置　　　　　图 3.48　"色板"面板

选取渐变滑块，可以执行下列操作。

- 在"色板"面板中拖曳一个色板将其置于渐变滑块上。
- 按住"Alt"键，拖曳渐变滑块可以对其进行复制。

- 选中渐变滑块后，在"颜色"面板中设置一种颜色。

通过渐变色条上方的渐变滑块，可以设置渐变颜色的转换点位置。

在"类型"选项中，可以选择"线性""径向"选项，创建不同类型的渐变。

在"角度"中可以调整渐变角度，还可以反转渐变的方向。

◇ 使用【渐变工具】调整渐变。

选择已经填充渐变效果的图形，可以使用【渐变工具】在填充完的对象上单击，再对其进行调整，如图 3.49 所示。

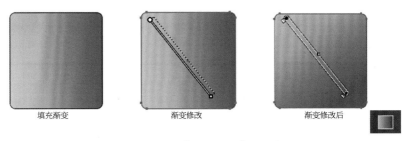

填充渐变　　　　　　渐变修改　　　　　　渐变修改后

图 3.49　使用【渐变工具】调整渐变

注意：

① 使用【渐变工具】时，必须先给对象填充渐变颜色效果；

② 使用【渐变工具】拖曳时，按住"Shift"键，可将渐变效果设置为 45°及其倍数的方向。

◇ 使用【网格工具】产生渐变。

使用【网格工具】可以产生对象的网格填充效果。可以方便地处理复杂形状图形中的细微颜色变化，适用于水果、花瓣、叶子等形状的颜色过渡。

使用【网格工具】可以在对象需要创建或增加网格点处单击，增加网格点与通过该点的网格线，使用【直接选择工具】选取一个或多个网格点后，通过"↑""↓""←"或"→"键移动位置。可以在"颜色"面板或"色板"面板中选择一种颜色，添加或修改，如图 3.50 所示。

渐变填充　　　　网格渐变

图 3.50　使用【网格工具】产生渐变

❖ 使用【吸管工具】调整颜色。

在 Illustrator 中，【吸管工具】可以吸取纯色、渐变色、描边色、描边粗细、样式等，是非常重要且使用频次非常高的工具。

使用【吸管工具】可以执行下列操作，效果如图 3.51 所示。

❖ 选择目标对象，使用【吸管工具】吸取源对象的纯色、渐变色、描边色及描边粗细等效果。

❖ 按住"Shift"键，可以吸取源对象的纯色，即使源对象是渐变色，吸取的也是吸取处纯色。

❖ 先吸取源对象的纯色、渐变色、描边色及描边粗细等效果，再按住"Alt"键可将效果赋予目标对象中。

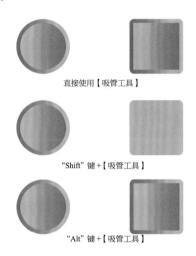

直接使用【吸管工具】

"Shift"键+【吸管工具】

"Alt"键+【吸管工具】

图 3.51　使用【吸管工具】的效果

4．变形工具与即时变形工具

变形工具包括【旋转工具】、【镜像工具】、【比例缩放工具】、【倾斜工具】、【整形工具】、【操控变形工具】和【自由变换工具】，变形工具的使用率非常高，在可以大大提高工作效率的同时，实现看似简单却又极为复杂的图像效果。

❖ 旋转工具

使用【旋转工具】 可以对对象进行旋转操作，如图 3.52 所示。

（1）选择对象，直接双击【旋转工具】图标，弹出"旋转"对话框，效果如图 3.53 所示。

（2）如果按住"Shift"键，可以以 45°增量旋转。在图像中单击一点，创建新基点，可以沿着新基点旋转图形。

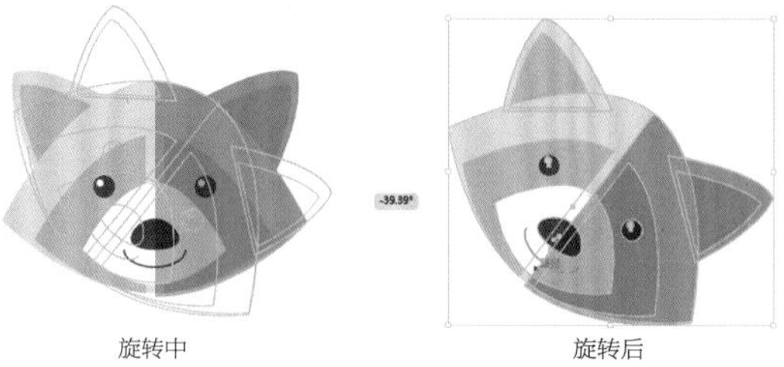

图 3.52　旋转效果

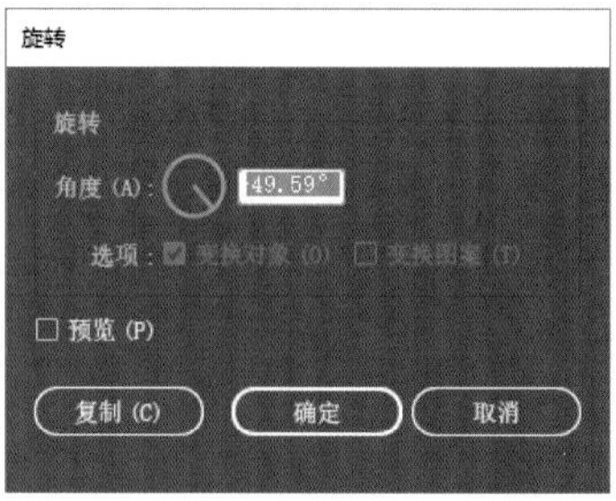

图 3.53　“旋转”对话框

（3）按住“Alt”键可以修改基点位置，松开“Alt”键，弹出“旋转工具”面板，在该面板中修改参数。

（4）单击“复制”按钮，可以在旋转的同时将对象复制一份，效果如图 3.54 所示。

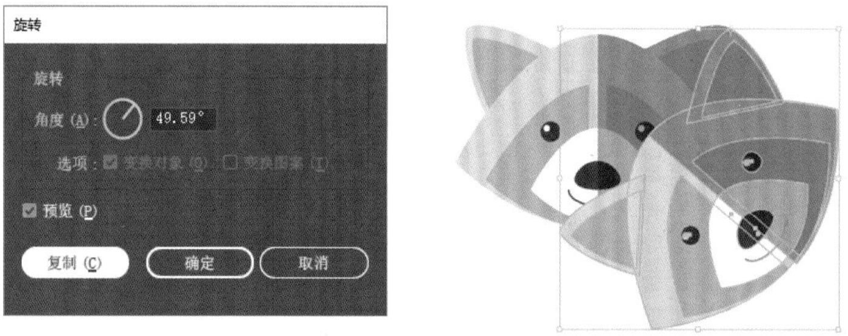

图 3.54　旋转复制效果

✧ 镜像工具

使用【镜像工具】可以按照镜向轴旋转物体。首先选择对象，选择【镜像工具】，在对象的中心点出现一个基准点，再在图形上拖曳鼠标就可以沿镜像轴旋转图形了。

（1）选择对象，使用【镜像工具】，基准点位于图形中心，单击后，即生成新基准点，再拖曳鼠标，生成镜像图形，效果如图 3.55 所示。

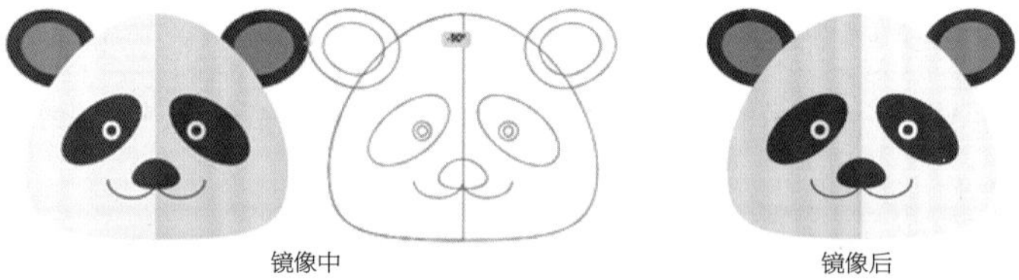

图 3.55　镜像效果

（2）选择对象，使用【镜像工具】，按住“Alt”键，单击后，确定对称轴轴心，同时弹出“镜像”面板。

（3）单击“复制”按钮，可以在镜像的同时将对象复制一份，效果如图 3.56 所示。

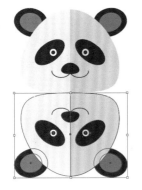

图 3.56　镜像复制效果

◇ 比例缩放工具

使用【比例缩放工具】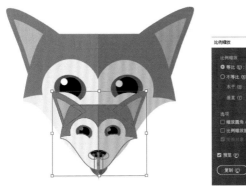可以对图形进行任意的缩放，与【旋转工具】用法基本相同。

（1）选择对象，双击【比例缩放工具】，弹出"比例缩放"面板，设置参数。

（2）选择对象，使用【比例缩放工具】，按住"Alt"键，单击后，确定基准点位置，同时弹出"镜像"面板。

（3）单击"复制"按钮，可以在缩放对象的同时将对象复制一份，效果如图 3.57 所示。

图 3.57　比例缩放复制效果

◇ 倾斜工具

使用【倾斜工具】可以使对象倾斜一定的角度。

（1）选择对象，双击【倾斜工具】，弹出"倾斜"面板，设置参数。

（2）选择对象，使用【倾斜工具】，按住"Alt"键，单击后，确定基准点位置，同时弹出"倾斜"面板。

（3）单击"复制"按钮，可以在倾斜对象的同时将对象复制一份，效果如图 3.58 所示。

图 3.58　倾斜复制效果

◇　整形工具

使用【整形工具】![]可以改变路径上锚点的位置，但是不会影响整个路径的形状。

选中对象，使用【整形工具】在要改变位置的锚点上拖曳鼠标，调整至合适的位置，效果如图 3.59 所示。

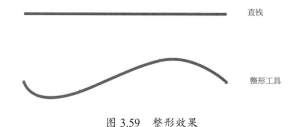

图 3.59　整形效果

◇　操控变形工具

选择对象，使用【操控变形工具】![]单击要变换的区域和要固定的区域以添加点，效果如图 3.60 所示。要获得良好的变换效果，需要使用三个或更多的点。

（1）要选择多个点，在按住"Shift"键的同时单击这些点，或者选择上下文菜单中的"选择所有点"。

（2）要移除选定的点，可以按"Delete"键。

（3）要限制围绕选定点进行的图稿变换，在按住"Alt"键的同时拖曳该点。

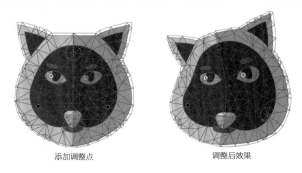

图 3.60　操控变形效果

✧ 自由变换工具

选择对象，使用【自由变换工具】 弹出其面板，如图 3.61 所示。

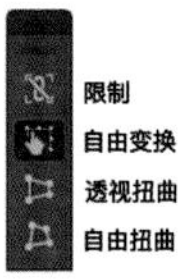

图 3.61 "自由变换工具"面板

（1）限制：单击"激活"按钮后，修改 X 轴和 Y 轴时同时变化。

（2）自由变换：根据需求修改大小、倾斜、旋转等变换。可以按住"Shift"键等比修改，按住"Alt"键以中心为基点修改。

（3）透视扭曲：将对象进行透视效果修改。

（4）自由扭曲：选择对象角点，可自由拖曳进行扭曲效果设置。

5．文字工具及文字格式的设定

Illustrator 中提供了 6 种文字工具，分别是【文字工具】、【区域文字工具】、【路径文字工具】、【直排文字工具】、【直排区域文字工具】、【直排路径文字工具】，如图 3.62 所示。另外还有一个对文字起到修饰变形作用的【修饰文字工具】，严格意义上说，这个工具不属于文字工具。

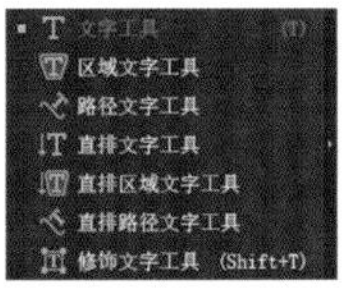

图 3.62 文字工具

✧ 文字工具

横排文字，在画板中单击【文字工具】 T ，即可看到闪烁的光标，输入文字。

✧ 区域文字工具

在面板中单击【区域文字工具】 。

（1）拖曳文本框来创建区域文字，输入文字。

（2）转换现有图形为区域文字，在区域中输入文字，如图 3.63 所示。

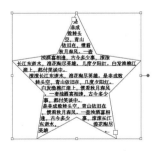

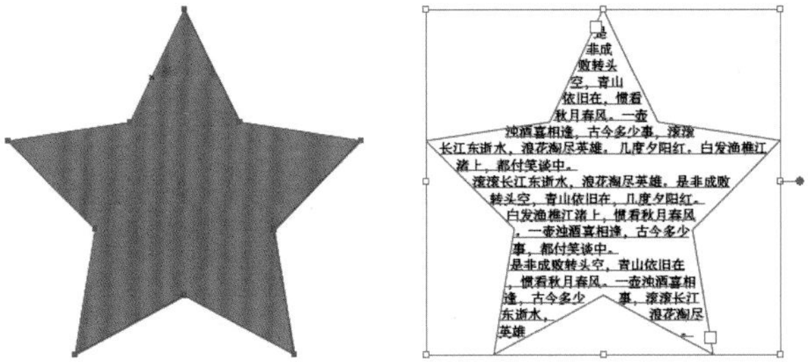

图 3.63 区域文字

✧ 路径文字工具

将光标移至路径边缘，指针变为【路径文字工具】，单击出现闪烁光标后输入文字，如图 3.64 所示。

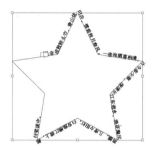

图 3.64　路径文字

✧ 直排文字工具

直排文字，在画板中单击【直排文字工具】，在光标闪烁处输入文字。

✧ 直排区域文字工具

【直排区域文字工具】的操作方法参照【区域文字工具】，文字以直排效果展示，如图 3.65 所示。

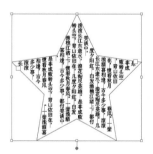

图 3.65　直排区域文字

✧ 直排路径文字工具

【直排路径文字工具】的操作方法参照【路径文字工具】，文字以直排效果展示，如图 3.66 所示。

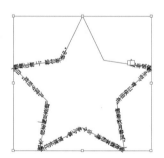

图 3.66　直排路径文字

✧ 修饰文字工具

选中文字，单击【修饰文字工具】 ，选中要修改的文字，进行修改，如图 3.67 所示。

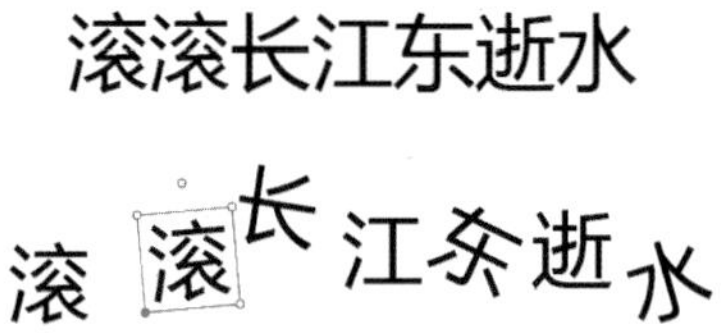

滚滚长江东逝水

滚 滚 长 江 东 逝 水

图 3.67 修饰文字

6. 外观、图形样式和图层

设计一个作品一般会包含许多图层，为了更便捷地管理图层，需要使用"外观"面板和"图层"面板。

✧ "外观"面板

"外观"面板是使用外观属性的入口，因此可以把外观属性应用于层、组合对象，所以图稿中的属性层次可能会变得十分复杂。例如，对整个图层应用了一种效果，同时对该层中某个对象应用另一种效果，这样就很难分清到底是哪种效果导致了图稿的更改。"外观"面板可显示已应用于对象、组或图层的填充、描边、图形样式和效果，如图 3.68 所示。

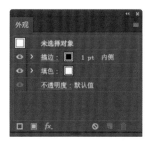

图 3.68 "外观"面板

✧ 认识与应用"图形样式"面板

"图形样式"面板用来创建、命名和应用外观属性，在菜单栏中选择"窗口">"图形样式"命令，打开"图形样式"面板，如图 3.69 所示。

图 3.69 "图形样式"面板

◇ 编辑图形样式

使用图形样式可以快速更改对象外观，包括填色、描边、透明度与效果。应用图形样式可以明显地提高绘图效率。图形样式可以应用于对象、组和图层，将图层样式应用于组或图层时，组和图层内的所有对象都具有图形样式的属性，但若将对象移出该图层，将恢复其原有的外观。

（1）新建图形样式。

在"图形样式"面板中，用户可以自己创建图形样式。选择一个对象并对其应用任意外观属性组合，单击"新建图形样式"按钮即可创建完成，如图 3.70 所示。双击新创建样式，可以为其设定名称。

图 3.70　新建图形样式

（2）复制和删除图形样式。

复制图形样式，在"图形样式"面板中选择要复制的图形样式，将其拖曳到"新建图形样式"按钮处，复制图形样式，如图 3.71 所示。

图 3.71　复制图形样式

删除图形样式，将选中的图形样式拖曳至"删除图形样式"按钮处，即可删除。或者选中要删除的图形样式，单击"图形样式"面板底部的"删除图形样式"按钮，即可删除，如图 3-72 所示；或者选中要删除的图形样式，单击"图形样式"面板右上角的按钮，在弹出的菜单中选择"删除图形样式"命令，如图 3.73 所示。

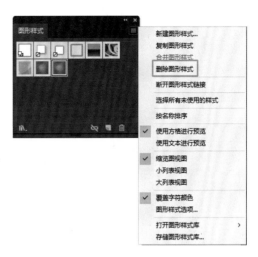

图 3.72　删除图形样式（单击按钮）　　　　图 3.73　删除图形样式（选择命令）

（3）合并样式。

合并两种或更多的图形样式，可以创建出新的图形样式。在"图形样式"面板中，按住"Ctrl"键可以选择多个对象，然后单击右上角的按钮，选择"合并图形样式"命令，修改名称即可，如图 3.74 所示。

图 3.74　合并图形样式

✧ 创建与编辑图层

在"图层"面板中可以创建新的图层，然后将图形的各部分放在不同的图层上，每个图层上的对象都可以单独编辑和修改，所有的图层相互堆叠，如图 3.75 所示。

图 3.75　"图层"面板

（1）在"图层"面板中可以选择、隐藏、锁定对象，以及修改图稿的外观，有效地管理复杂图形对象，简化制作流程，提高工作效率，如图 3.76 所示。

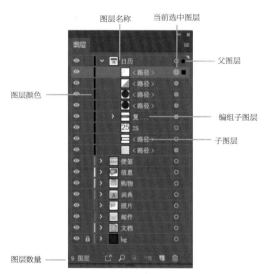

图 3.76　"图层"面板中的参数

（2）新建图层。

在 Illustrator 中创建一个文件后，在"图层"面板中自动创建一个"图层 1"，当再绘制一个图形时，会自动添加一个子图层，子图层包含在图层之内；如果要添加一个新图层，可以单击"图层"面板底部的"创建新图层"按钮，也可以单击"图层"面板底部的"创建新子图层"按钮，如图 3.77 所示。

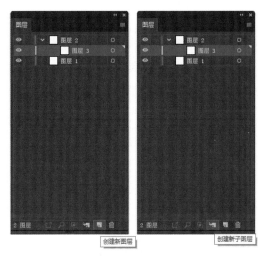

图 3.77　创建新图层、创建新子图层

（3）复制、删除和合并图层。

复制图层，选择要复制的图层，拖曳至"创建新图层"或"创建新子图层"按钮处都可以复制图层。

复制子图层，选择要复制的子图层，拖曳至"创建新子图层"按钮处可以复制子图层。

删除图层时，会删除图层包含的所有对象；删除子图层时，不会影响图层和其他子图层。

合并图层，将对象、群组和子图层合并到统一图层或群组中。合并后，排列顺序保持不变，其他属性不再保留。

（4）设置图层。

在输出打印时，可以通过"图层选项"面板，只设置需要打印的图层，不需要的图层不设置，如图 3.78 所示。

打开"图层选项"面板

设置参数

图 3.78　设置图层

✧ 管理图层

图层用来管理组成图稿的所有对象，图层就像结构清晰的文件夹（与 Photoshop 中组的概念相似），文件夹中包含所有的图稿内容，可以在图层间移动对象，也可以创建子图层。如果调整图层顺序，会改变对象的排列顺序，也会影响对象的最终显示效果。

（5）显示、隐藏与锁定图层。

✧ 显示图层

在"图层"面板中，该对象所在图层缩略图前会显示一个眼睛图标 ，代表该层显示，如图 3.79 所示。

✧ 隐藏图层

如果要隐藏图层，单击眼睛图标 ，即可隐藏该图层；如果隐藏了图层或群组，则图层或群组中的所有对象也会被隐藏，且显示为灰色。

✧ 锁定图层

单击一个图层 图标右侧的方块，可以锁定图层。锁定图层后，该方块中显示出 ，"图层"面板中的显示效果如图 3.80 所示。

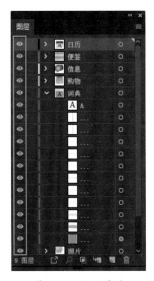

图 3.79　显示图层

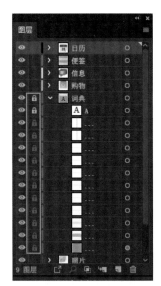

图 3.80　锁定图层

✧ 更改"图层"面板的显示模式

更改"图层"面板中的显示模式，便于在处理复杂图像时，更加方便地选择对象，可以通过"图层"面板设置对象的视图模式，如图 3.81、图 3.82 所示。

图 3.81 选择显示模式

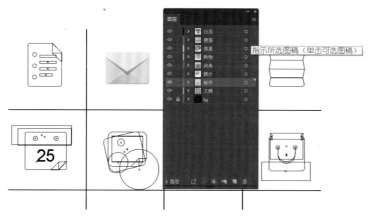

图 3.82 线框显示模式

3.3 组合对象

在 Illustrator 中可以通过对矢量对象的组合创建出各种形状，生成的路径或形状会因为组合对象时所选用的方法不同而有所不同。

3.3.1 复合形状

复合形状可由简单路径、复合路径、文本框架、文本轮廓或其他形状复合组成。复合形状的外观取决于产生复合的方法，常用的复合形状在"路径查找器"面板的"形

状模式"选项中，如图 3.83 所示。其中包括【联集】■、【减去顶层】■、【交集】
■和【差集】■。

图 3.83　"路径查找器"面板

在生成复合形状时，大部分情况是采用最上层对象的属性，如填色、描边、透明
度、图层等，但在减去形状时，将删除前面的对象，生成的形状将采用最下层对象的
属性。

【联集】■将所有选择的对象合并为一个对象，如果这些对象颜色不一样，则统
一用最上面的对象的属性，如图 3.84 所示。

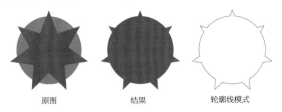

原图　　　　　　　结果　　　　　　　轮廓线模式

图 3.84　联集

【减去顶层】■用下面的对象减去上面的对象得到一个新的对象，如图 3.85 所示。

原图　　　　　　　结果　　　　　　　轮廓线模式

图 3.85　减去顶层

【交集】■删掉选择的对象没有重叠的部分，并且将重叠的部分合并为一个新
的对象，如图 3.86 所示。

原图　　　　　　　结果　　　　　　　轮廓线模式

图 3.86　交集

【差集】■删掉选择对象重叠的部分，剩下的部分变成一个对象，如图3.87所示。

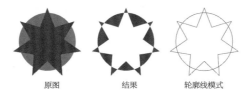

图 3.87　差集

3.3.2　其他复合形状

其他复合形状在"路径查找器"面板的"路径查找器"选项中，包括【分割】■、【修边】■、【合并】■、【裁剪】■、【轮廓】■和【减去后面】■等复合形状。

【分割】■是最常用的功能，将沿着对象相叠部分进行切割，分割成许多片新的形状。新形状将继承原来形状的属性，如色彩会保持不变，如图3.88所示。分割之后，可以用【直接选择工具】或【组选择工具】移动这些新的形状，也可以对这些形状进行【取消组】操作，再用【选择工具】进行选择。

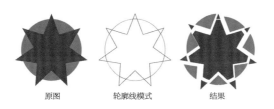

图 3.88　分割

【修边】■用上面的对象对下面的对象进行修剪，并且删除与下面对象重叠的部分，如果对象有轮廓线，则轮廓线会被移除。各对象会保留原来物体的属性，如图3.89所示。

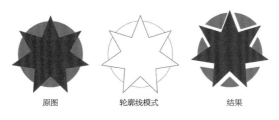

图 3.89　修边

【合并】■与【修边】相似，但不同的是，【合并】会将色彩相同的物体合成一体，而且这个操作会忽略物体的堆叠顺序，如图3.90所示。

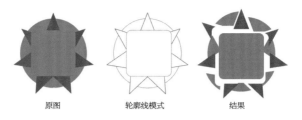

图 3.90 合并

【裁剪】 用最上面的对象裁切掉下面所有的对象，可以把最上面的对象想象成一个蒙版，这个操作也会移除轮廓线，如图 3.91 所示。

图 3.91 裁剪

【轮廓】 功能类似【分割】，但最后的结果是生成一些线段，如图 3.92 所示。

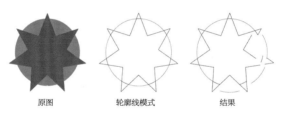

图 3.92 轮廓

【减去后面】 与【减去前面】的作用刚好相反，是用下面的对象减去上面的对象，如图 3.93 所示。

图 3.93 减去后面

3.3.3 释放与扩展复合形状

使用"释放复合形状"命令可将复合对象拆分为原有的单独对象，如图 3.94 所示。

图 3.94　释放复合形状

使用"扩展复合形状"命令会保持复合对象的形状，并且使其成为一半路径或复合路径，以便对其应用某些复合形状不能应用的功能，扩展复合形状后，其单个组件将不存在，如图 3.95 所示。

图 3.95　扩展复合形状

"扩展"按钮可以将操作完成的形状塌陷为一个复合路径，在选择"形状模式"选项中任何一种操作时，按住"Alt"键，激活"扩展"按钮，如图 3.96 所示。扩展和未扩展的区别如下，在普通模式下，看上去是一样的，但是在轮廓线模式下，就可以看出区别。在未扩展模式下，两个对象仍保持原状，可以进行移动等操作。扩展后合并为新的路径，如图 3.97 所示。

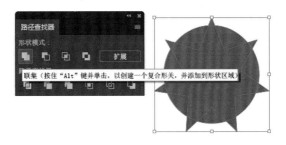

图 3.96　"扩展"按钮被激活

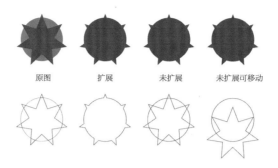

图 3.97 扩展前后对比

3.3.4 路径查找器选项

在"路径查找器"面板中单击 ▤ 按钮，在打开的下拉菜单中选择"路径查找器选项"，如图 3.98 所示，弹出"路径查找器选项"面板，如图 3.99 所示。

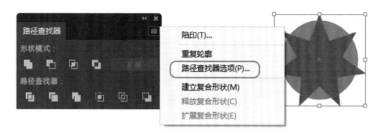

图 3.98 选择"路径查找器选项"命令

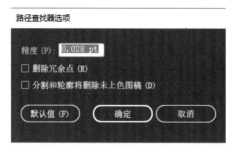

图 3.99 "路径查找器选项"面板

"精度"：控制绘制路径的准确度，值越小结果会越接近原始形状，值越大结果越不准确。

"删除冗余点"：勾选它会删除一些因为执行相关操作而生成的冗余点。

"分割和轮廓将删除未上色图稿"：当完成分割和轮廓操作时，可能会造成一些形状没有填充和轮廓，勾选它就会删除这些形状。

"默认值"：单击该按钮，系统将使用默认设置。

3.4　扩展、扩展外观、轮廓化描边、文字轮廓

在 Illustrator 中，创建图形时，"形状"与"描边"经常需要相互转换，方便设计师实现效果。扩展、扩展外观、轮廓化描边和文字轮廓就是常用的设计方法。

3.4.1　扩展

扩展：选择"对象">"扩展"命令。扩展对象可用来将单一对象分割为若干个对象，这些对象共同组成其外观，如图 3.100 所示。另外，如果打印透明度效果、3D 对象、图案、渐变、描边、混合、光晕、封套或符号时遇到困难，则可以扩展后再打印。

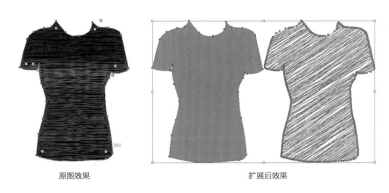

原图效果　　　　　　　　　　　　扩展后效果

图 3.100　扩展效果

3.4.2　扩展外观

扩展外观：选择"对象">"扩展外观"命令。将图形的外观效果进行分离，如图 3.101 所示。其外观效果类似 Photoshop 中的图层样式，如投影、内阴影、内发光等效果。

原图效果　　　　　　　　　　扩展外观后效果

图 3.101　扩展外观效果

3.4.3　轮廓化描边

轮廓化描边：选择"对象">"路径">"轮廓化描边"命令。将描边转化为填充（形状），如图 3.102 所示。有时会和扩展命令产生相似的效果，轮廓化描边的对象只能是描边，而扩展的对象包括描边和填充。

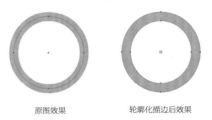

原图效果　　　　　　轮廓化描边后效果

图 3.102　轮廓化描边效果

3.4.4　文字轮廓

文字轮廓：选中文字，单击鼠标右键，在弹出的快捷菜单中选择"创建轮廓"命令，如图 3.103 所示。文字轮廓也称为"文字转曲"或"转曲"。创建轮廓后文本将不再具备文字属性，而成为图形，以方便在不同输出设备间使用。但它属于不可逆的操作，所以一般做印刷处理时，都会提前备份一份，再将原文字做转曲操作，同时将备份的文字进行隐藏，以便于下次修改。

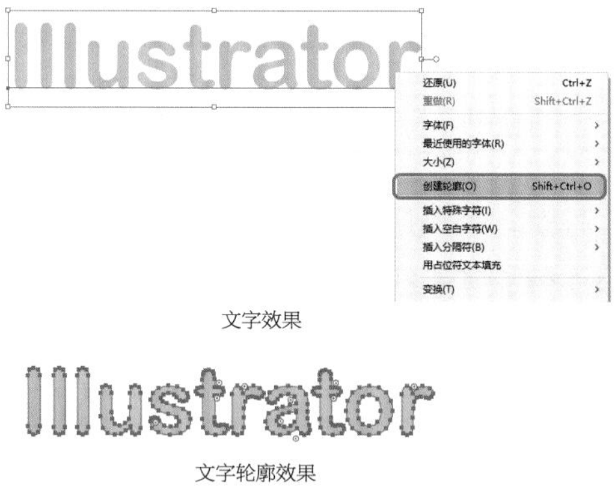

图 3.103　文字轮廓效果

3.5　图标设计技法

图 3.104　最终效果

3.5.1　绘制"image"图标

使用【形状工具】和【钢笔工具】，绘制线性"image"图标，最终效果如图 3.104 所示。

（1）打开 Illustrator CC 2018，创建新文件，文件大小为 800px×800px，不设置"出血"值，"颜色模式"设置为"RGB 颜色"，"光栅效果"设置为"屏幕（72 ppi）"，如图 3.105 所示。

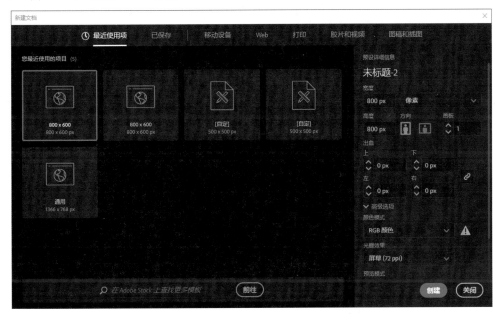

图 3.105　创建文件

（2）使用【圆角矩形工具】，绘制宽、高均为 512px，圆角为 90px 的圆角矩形，描边为 26pt。参数可以在"变换"面板中修改（"窗口">"变换"），也可以在右侧"属性"面板中修改，如图 3.106 所示。

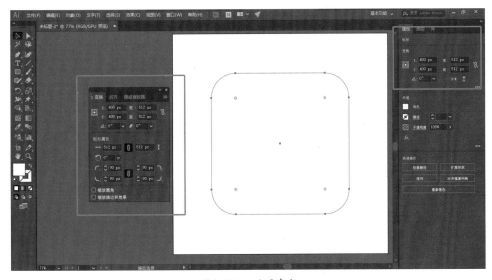

图 3.106　设置参数

（3）在"颜色"面板中修改颜色（"窗口">"颜色"）。关闭"填充"色，只需要"描边"颜色，颜色值为 #5F5F5F，如图 3.107 所示。

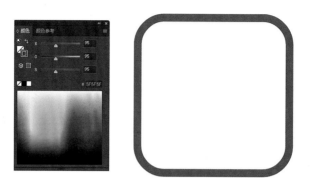

图 3.107　设置颜色

（4）使用【圆形工具】，绘制半径为 140px 的圆，设置描边颜色，以及线粗细参数与外框相同。摆放至对应位置，如图 3.108 所示。

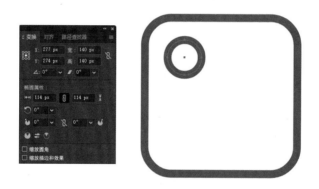

图 3.108　绘制圆

（5）使用【矩形工具】，绘制宽、高均为 590px 的矩形，设置描边颜色，以及线粗细参数与外框相同。旋转 315° 后摆放至对应位置，如图 3.109 所示。

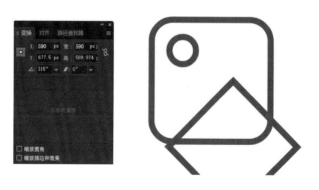

图 3.109　绘制矩形

（6）使用【钢笔工具】中的【添加锚点工具】，在对应位置添加锚点（先用【选择工具】选中矩形路径，再添加锚点），如图 3.110 所示。

（7）使用【直接选择工具】，选出不需要的锚点，按"Delete"键删除。删除锚点位置及最终结果如图 3.111、图 3.112 所示。

图 3.110　添加锚点

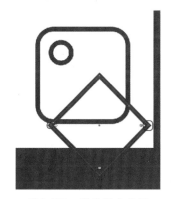

图 3.111　删除锚点位置

图 3.112　最终结果

（8）保存文件，命名为"image"，保存格式为 PNG 或 PDF。

3.5.2　绘制"setting"图标

使用【形状工具】、【旋转工具】和【钢笔工具】，绘制线性"setting"图标，最终效果如图 3.113 所示。

图 3.113　最终效果

（1）新建文档，文件大小为 800px×800px，不设置"出血"值，"颜色模式"设置为"RGB 颜色"，"光栅效果"设置为"屏幕（72 ppi）"。

（2）使用【圆形工具】，绘制大小为 86px 的圆，取消填充颜色，设置描边颜色值为 #45556B，且描边值为 5pt，如图 3.114 所示。

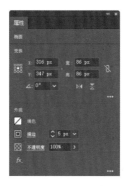

图 3.114　绘制圆

（3）选中圆，按组合键"Ctrl+V"，在原位置复制生成一个新圆，且调整新圆大小为 160px。打开"对齐"面板，或者在右侧"属性"面板中，将两个圆设置为"水平居中"和"垂直居中"，如图 3.115 所示。

（4）将大圆设置填充颜色（#45556B），且不要描边，如图 3.116 所示。

图 3.115　圆对齐　　　　　　　　　　　　　图 3.116　大圆设置填充颜色

（5）使用【圆角矩形工具】，绘制宽、高均为 30px，圆角为 6px 的圆角矩形，且与两个圆"水平居中对齐"，如图 3.117 所示。

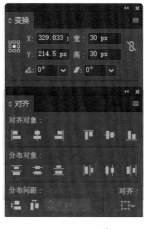

图 3.117　绘制圆角矩形

（6）选择圆角矩形，然后使用【旋转工具】，按住"Alt"键，单击圆的中心点，弹出"旋转"面板，旋转角度值为 45°，单击"复制"按钮，如图 3.118 所示。

（7）使用组合键"Ctrl+D"重复上一步，不断复制出新的圆角矩形，如图 3.119 所示。

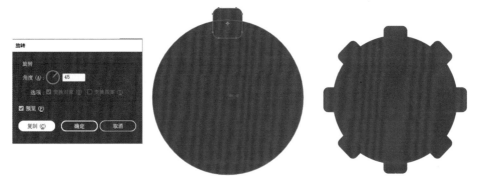

图 3.118　设置旋转参数　　　　　　　图 3.119　重复复制

（8）将大圆和所有新生成的圆角矩形选中，选择【联集】，生成一个整体形状，如图 3.120 所示。

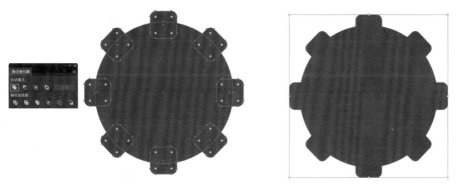

图 3.120　联集

（9）取消填充色，设置描边颜色，描边粗细为 5pt，如图 3.121 所示。

（10）填加参考线，从标尺（打开标尺"Ctrl+R"组合键）处拖曳参考线到对应位置处，如图 3.122 所示。

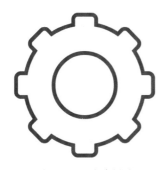
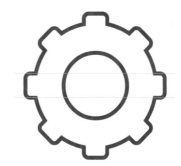

图 3.121　改为描边　　　　　　　　　图 3.122　添加参考线

（11）选中参考线，使用【旋转工具】，旋转 45°，然后单击"复制"按钮，生成新的参考线，并且摆放至对应位置，如图 3.123 所示。在 Illustrator 中，参考线可以直接参与设计操作中，如旋转、联集、减去顶层等。

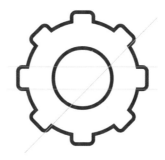

图 3.123 旋转复制参考线

（12）使用【钢笔工具】中【添加锚点工具】，在对应位置上添加锚点，使用【直接选择工具】并将其选中，即可删除，如图 3.124 所示。

（13）选中小圆，再使用【钢笔工具】，单击小圆端点，连接到大圆上，如图 3.125所示。

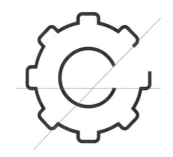

图 3.124 删除锚点

图 3.125 连接端点

（14）使用【直接选择工具】选中两个端点，再选择"对象">"路径">连接"命令，如图 3.126 所示。

（15）使用【删除锚点工具】，删掉一个锚点，再调整形状，如图 3.127 所示。

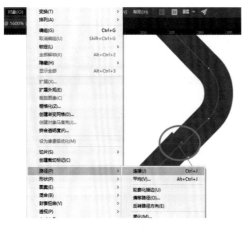

图 3.126 连接

图 3.127 删除多余锚点

（16）调整线端点为圆头端点，如图 3.128 所示。

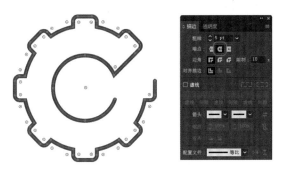

图 3.128　圆头端点

（17）保存文件，命名为"setting"，文件格式为 PNG 或 PDF。

3.5.3　绘制"game"图标

使用【形状工具】、布尔运算和【钢笔工具】，绘制扁平"game"图标，最终效果如图 3.129 所示。

图 3.129　最终效果

（1）使用【圆角矩形工具】，绘制宽为 370px、高为 500px、圆角为 185px 的圆角矩形，填充颜色值为 # 88CC33，如图 3.130 所示。

（2）使用【圆角矩形工具】，绘制一个圆角矩形（宽度大于第一个圆角矩形），如图 3.131 所示。

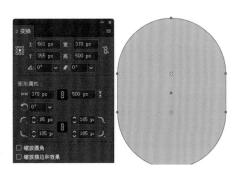

图 3.130　创建圆角矩形

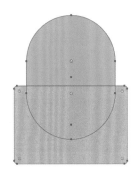

图 3.131　创建新圆角矩形

（3）打开"路径查找器"面板，选择两个图形，再使用"减去顶层"功能，生成新图形，如图 3.132 所示。

（4）从标尺（打开标尺"Ctrl+R"组合键）拖曳五根参考线。确定两端参考线与图形两侧对齐，选中所有参考线水平居中分布，如图 3.133 所示。

图 3.132　生成新图形

图 3.133　水平居中分布

（5）选中所有参考线，并且锁定（"Ctrl+2"组合键），以防止使用【添加锚点工具】给图形路径添加锚点是误操作。

（6）使用【添加锚点工具】，在参考线与图形下边缘相交处添加锚点，如图 3.134 所示。

（7）分别选中两端锚点，并且使用【直接选择工具】，拖曳内侧白色调整按钮，生成圆角，如图 3.135 所示。

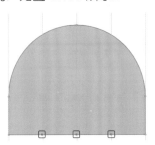

图 3.134　添加锚点

图 3.135　生成圆角

（8）使用【直接选择工具】选中对应两个锚点，并且向上移动，如图 3.136 所示。

（9）选中中间三个锚点，使用【直接选择工具】，拖曳内侧白色调整按钮，生成圆角，如图 3.137 所示。

图 3.136　移动锚点

图 3.137　生成圆角

（10）选中对应锚点，使用【直接选择工具】，拖曳内侧白色调整按钮，生成圆角，如图 3.138 所示。

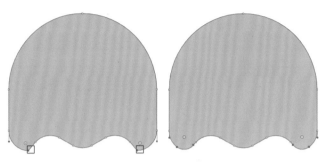

图 3.138　选中锚点生成圆角

（11）添加参考线，并且与图形水平居中对齐，如图 3.139 所示。

（12）使用【钢笔工具】绘制端点为圆形的线条，颜色设置为白色，生成眼睛，如图 3.140 所示。

图 3.139　参考线与图形水平居中对齐

图 3.140　生成眼睛

（13）选中眼睛，使用【镜像工具】，按住"Alt"键，单击参考线，设置镜像点在参考线上，如图 3.141 所示。

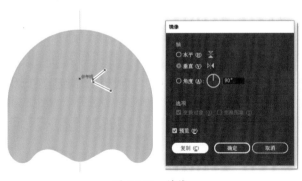

图 3.141　镜像

（14）生成色块效果如图 3.142 所示。保存文件，命名为"game"，保存文件类型为 PNG 或 PDF。

（15）若改为线形图标，取消填充色，设置描边颜色与眼睛颜色相同，线条粗细相同，线框效果如图 3.143 所示。

图 3.142 色块效果

图 3.143 线框效果

3.5.4 绘制 "BrandColors" 的 Logo

BrandColors 网站收集了世界知名品牌、企业公司、网络服务使用的标准色，还可以显示颜色值，支持颜色值复制使用。

BrandColors 的 Logo 通过将"圆形"和"参考线"分割成小块后，添加不同颜色，生成最终效果，如图 3.144 所示。

图 3.144 最终效果

（1）新建文档，文件大小为 800px×800px，不设置"出血"值，"颜色模式"设置为"RGB 颜色"，"光栅效果"设置为"屏幕（72 ppi）"。

（2）绘制直径为 200px 的圆形。使用【选择工具】选择该圆形，再使用【比例缩放工具】，按住"Alt"键，单击圆的中心，设置等比缩小为 60%，单击"复制"按钮生成一个新的同心小圆，如图 3.145 所示。

设置比例缩放参数

复制生成新圆

图 3.145 缩小复制生成小圆

（3）打开标尺（"Ctrl+R"组合键），从标尺处拖曳参考线，并且与圆水平居中对齐、垂直居中对齐，如图 3.146 所示。

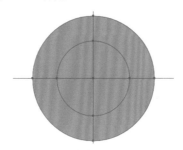

图 3.146　参考线与图形对齐

（4）选中水平参考线，使用【旋转工具】，按住"Alt"键，单击中心点，设置旋转参数为 45°，单击"复制"按钮生成新的参考线，如图 3.147 所示。

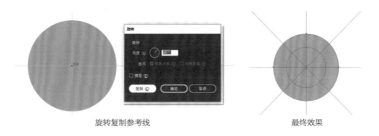

旋转复制参考线　　　　　　　　最终效果

图 3.147　旋转复制参考线

（5）选中所有圆和参考线，打开"路径查找器"面板，单击【分割】图标将图形分割成多个扇形，如图 3.148 所示。

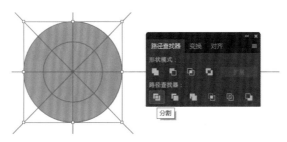

图 3.148　分割

（6）对每个扇形设置颜色，如图 3.149 所示，颜色值如下。

①：#CDDC39　　②：#EF3981　　③：#E91E63　　④：#3EADF6

⑤：#2196F3　　⑥：#B245C2　　⑦：#9C27B0　　⑧：#D9E559

⑨：#BDD027　　⑩：#E92767　　⑪：#E1134B　　⑫：#2B97F2

⑬：#157DEE　　⑭：#9C31AF　　⑮：#84199A　　⑯：#CCDB42

（7）输入文字"BrandColors"，字体设置为"微软雅黑"，字体颜色值为"#000000"，字号为"60 pt"，字符间距为"12"，设置"Brand"字体样式为"Light"，设置"Colors"字体样式为"Regular"，如图 3.150 所示。

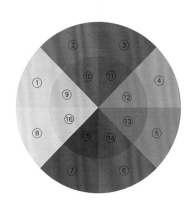

图 3.149　设置颜色

图 3.150　文字参数设置

（8）保存文件，命名为"BrandColors"，保存文件格式为 PDF 或 PNG。

3.5.5　绘制"中国联通"的 Logo

中国联通的 Logo 是从中国传统的如意结演变过来的，寓意情系中国结，联通四海心。文字是特殊设计的字体，因此在字体中是找不到的，本案例字体用"黑体"替代。最终效果如图 3.151 所示。

图 3.151　最终效果

（1）新建文档，文件大小为 500 px×500 px，不设置"出血"值，"颜色模式"设置为"RGB 颜色"，"光栅效果"设置为"屏幕（72 ppi）"。

（2）使用【矩形网格工具】绘制矩形网格，单击画布，弹出"矩形网格工具选项"面板，设置宽度和高度都为 300px，水平分隔线和垂直分隔线的数量都为 3，如图 3.152 所示。

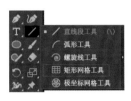

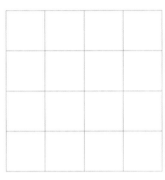

图 3.152　创建矩形网格

（3）使用【直接选择工具】，选择矩形网格外框并删掉，如图 3.153 所示。

（4）使用【钢笔工具】，将对应锚点连接起来，如图 3.154 所示。

图 3.153　删除外框　　　　　　　　　　　图 3.154　连接锚点

（5）打开"描边"面板，并且设置描边粗细为 30pt。

（6）选中图形，选择"效果">"风格化">"圆角"命令，弹出"圆角"面板，设置参数，如图 3.155 所示。

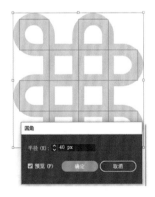

图 3.155　设置圆角

（7）选中图形，选择"对象">"扩展外观"命令，再选择"对象">"扩展"命令，使现在的图形由线转化为图形，如图 3.156 所示。

"对象">"扩展外观"   "对象">"扩展"

图 3.156 设置"扩展外观"和"扩展"

（8）修改填充颜色，颜色值为 #D4121A，如图 3.157 所示。

（9）绘制长为 4px、宽为 60px 的小矩形，然后复制 7 个，摆放在对应位置，如图 3.158 所示。

图 3.157 设置填充颜色

图 3.158 添加小矩形

（10）选中所有图形，打开"路径查找器"面板，使用【减去顶层】，再使用【旋转工具】，如图 3.159 所示。

（11）使用【文字工具】，分三次分别输入"China""unicom""中国联通"，以方便单独设置效果。其中英文字体为等线字体，中文字体为黑体，颜色均为黑色，如图 3.160 所示。

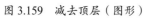

图 3.159 减去顶层（图形）

图 3.160 设置文字

（12）设置文字效果。选中两个字母"i"，修改颜色值为 #D4121A。选中中文"中国联通"进行【扩展】操作，如图 3.161 所示。

（13）绘制长为 10px、宽为 2px 的小矩形，放到对应位置处，如图 3.162 所示。

图 3.161　设置文字效果 　　　　　　　　　图 3.162　添加小矩形

（14）文字取消编组（"对象" > "取消编组"）。分别单独选取文字及小矩形，进行【减去顶层】操作，如图 3.163 所示。

中国联通

图 3.163　减去顶层（文字）

（15）保存文件，命名为"中国联通"，保存文件格式为 PDF 或 PNG。

3.5.6　绘制 MBE 风格"Video"图标

2015 年年底，法国设计师 MBE 在 Dribbble 网站上发布了一组相同风格的作品，红遍各网站，世界各地的设计师根据这种风格的特点做出了很多优秀的作品。本案例将介绍如何制作 MBE 风格作品，最终效果如图 3.164 所示。

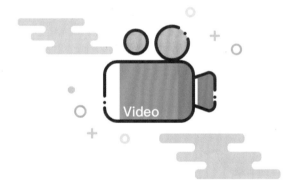

图 3.164　最终效果

（1）新建文档，文件大小为 500px×500px，不设置"出血"值，"颜色模式"设置为"RGB 颜色"，"光栅效果"设置为"屏幕（72 ppi）"。

（2）使用【圆角矩形工具】绘制圆角矩形，高为 120px、宽为 180px、圆角为 25px，且只保留描边颜色值为 #424242，边宽度为 6pt，如图 3.165 所示。

（3）再绘制一个小圆角矩形，高为 80px、宽为 60px、圆角为 12px、描边颜色

值为 #424242、边宽度为 6pt。使用【直接选择工具】，选中左侧两个锚点并删除，如图 3.166 所示。

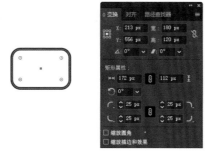
图 3.165　绘制圆角矩形

图 3.166　修改小矩形

（4）选择两个端点，使用【比例缩放工具】，向内移动，缩小两点之间的距离，如图 3.167 所示。

（5）分别选择这两个图形再复制一份（"Ctrl+C"组合键，"Ctrl+F"组合键），取消描边，保留填充色，色值为 #3FA9F5，如图 3.168 所示。

图 3.167　缩小距离

图 3.168　颜色修改

（6）使用【直接选择工具】，选中大圆角矩形左侧两个锚点，并且调整为直角，如图 3.169 所示。使用方向键向右移动，缩小矩形大小，如图 3.170 所示。

图 3.169　调整为直角

图 3.170　调整填充

（7）复制大色块，调整形状，设置颜色值为 #3299F2。设置右侧小色块的颜色值也为 #3299F2，如图 3.171 所示。

（8）绘制半径为 62px 和 50px 的两个圆形，分别复制后，只设置描边效果，如图 3.172 所示。

图 3.171　生成新色块并调整形状

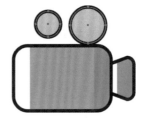

图 3.172　绘制圆

（9）使用【选择工具】，选择大矩形的边，再使用【添加锚点工具】，添加锚点，再使用【直接选择工具】选中对应锚点，删除锚点，生成断线效果，并且修改线的端点为"圆头端点"，如图 3.173 所示。

图 3.173　添加 / 删除锚点

（10）参照上一步，设置断线效果，如图 3.174 所示。

（11）绘制三个直径为 6px 的小圆，并且按照对应位置摆放，如图 3.175 所示。

图 3.174　设置断线效果

图 3.175　增加小圆

（12）使用【文字工具】添加"Video"，使用【图形工具】绘制其他装饰图形，如图 3.176 所示。

图 3.176　增加装饰图形

（13）使用【矩形工具】，绘制多个高度不等的矩形，使用【联集】，再使用【直接选择工具】，调整圆角效果如图 3.177 所示。

绘制矩形，再【联集】运算

修改圆角效果

图 3.177　调整圆角效果

（14）完成后，保存文件并命名为"Video"，保存文件格式为 PDF 或 PNG。

3.5.7　绘制可爱渐变"user"图标

Illustrator 中对渐变的操作方式与 Photoshop 中的渐变操作方式不同，通过本案例，可以加深读者对 Illustrator 渐变的操作。最终效果如图 3.178 所示。

图 3.178　最终效果

（1）新建文档，文件大小为 500px×500px，不设置"出血"值，"颜色模式"设置为"RGB 颜色"，"光栅效果"设置为"屏幕（72 ppi）"。

（2）绘制 500px×500px 的矩形，设置颜色值为 #161743，锁定该层（"Ctrl+2"组合键），作为背景使用。

（3）使用【圆角矩形工具】绘制宽为 140px、高为 230px、圆角为 70px 的圆角矩形。

（4）使用【矩形工具】绘制一个矩形，同时选中圆角矩形和矩形，使用【减去顶层】留半个圆角矩形，如图 3.179 所示。

图 3.179　减去顶层

（5）绘制宽度为 20px 的圆角矩形，再复制 7 个，进行排列，如图 3.180 所示。

（6）将第 1 个、第 3 个、第 5 个、第 7 个圆角矩形与大图形【联集】，将新生成的图形向后移动，如图 3.181 所示。

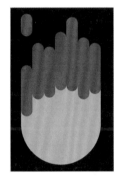

图 3.180　绘制圆角矩形

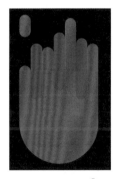

图 3.181　圆角矩形【联集】

（7）选择新生成的图形，单击"渐变"按钮，填充渐变色并打开"渐变"面板（"窗口">"渐变"），如图 3.182 所示。

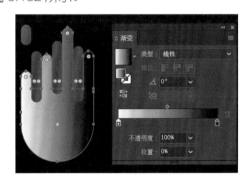

图 3.182　添加渐变效果

（8）若出现黑白渐变，且在调整色标颜色后依然是黑白颜色，则需要分别修改色标颜色模式，实现彩色设置需求。选中并双击色标，弹出"渐变色"面板，单击面板右上角的按钮，在弹出的菜单中选择"RGB（R）"，如图 3.183 所示。

双击色标 单击右上角按钮

图 3.183 修改"颜色模式"

（9）设置左侧色标颜色值为 #F3C627，右侧色标颜色值为 #F61068，设置渐变滑块为 35%，参数如图 3.184 所示。

（10）参照上一步操作，设置其他圆角矩形的渐变色，颜色值分别为 #9C0D59 和 #49105D，如图 3.185 所示。

图 3.184 设置渐变效果

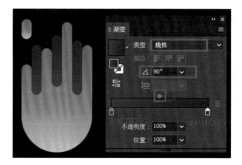

图 3.185 设置小矩形渐变效果

（11）绘制表情，参照前面案例的方法，如图 3.186 所示。

（12）增加装饰图形，如图 3.187 所示。

图 3.186 绘制表情

图 3.187 增加装饰图形

（13）保存文件，命名为"user"。

3.5.8 绘制折叠效果"user"图标

2.5D 图标效果是现在比较流行的一种设计方法，短期内也将继续延续此种设计方法。鉴于此，设计一个折叠效果的"user"图标。最终效果如图 3.188 所示。

图 3.188　最终效果

（1）新建文档，文件大小为 500px×500px，不设置"出血"值，"颜色模式"设置为"RGB 颜色"，"光栅效果"设置为"屏幕（72 ppi）"。

（2）绘制圆角矩形，大小为 300px、圆角为 30px。

（3）使用参考线，与圆角矩形分别"水平居中对齐"和"垂直居中对齐"。

（4）选中参考线和圆角矩形，进行【分割】操作，如图 3.189 所示。

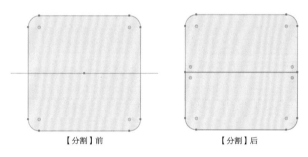

【分割】前　　　　　　　　　　　【分割】后

图 3.189　图形与参考线【分割】

（5）使用【编组选择工具】将两个图形分别设置颜色，上面的颜色值为 #E3E3E3，下面颜色值为 # ACACAC，分别复制，再生成两个图形，为做折页效果准备。

（6）使用【直接选择工具】，选择上面图形圆角的锚点，使用【比例缩放工具】，放大之间的距离，如图 3.190 所示。

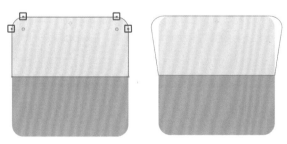

图 3.190　调整锚点位置

（7）参照上一步，修改下面图形形状。分别设置颜色值为 #0F7EC0 和 #0AABF4，如图 3.191 所示。

图 3.191　修改颜色

（8）绘制宽、高都为 60px 的圆，绘制宽为 126px、高为 200px、圆角为 40px 的圆角矩形，再绘制一个矩形，通过【减去顶层】生成新的图形，再适当调整形状，如图 3.192 所示，颜色值都为 #EFEFEF，调整形状位置，如图 3.193 所示。

生成中圆角矩形　　　　再绘制大的圆角矩形　　　　【减去顶层】　　　　调整形状

图 3.192　修改形状

图 3.193　调整形状位置

（9）选择圆，设置投影效果，选择"效果"菜单 >"风格化" >"投影"命令，设置参数，如图 3.194 所示。

（10）使用相同方法设置下面图形的投影，如图 3.195 所示。

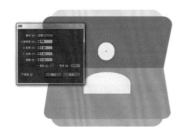

图 3.194　设置圆投影

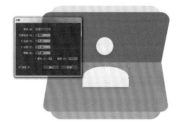

图 3.195　设置下面图形的投影

（11）使用【编组选择工具】，选择下面圆角矩形，复制一个新的，并且双击该图形，进入"编组"层，此时只能操作本"编组"层内的图形，再使用【钢笔工具】绘制折痕影子图形，如图 3.196 所示。

（12）选择两个形状，进行【交集】运算，生成新的图形，双击退出"编组"层效果，颜色值为 #08A6EE，如图 3.197 所示。

图 3.196　进入"编组"层

图 3.197　设置交集后图形颜色

（13）保存文件，并命名。

3.5.9　拼凑效果"home"图标

拼凑效果（拼接效果）是目前比较流行的扁平设计风格之一，通过颜色区分不同的面，产生拼凑效果，设计制作一个拼凑效果的"home"图标。最终效果如图 3.198 所示。

图 3.198　最终效果

（1）新建文档，文件大小为 500px×500px，不设置"出血"值，"颜色模式"设置为"RGB 颜色"，"光栅效果"设置为"屏幕（72 ppi）"。

（2）绘制大小为 300px 的圆，设置底色值为 #039BE5，并且打开"图层"面板（"窗口"＞"图层"或"F7"键），修改该层名称为底圆，如图 3.199 所示。

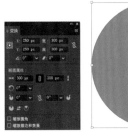

图 3.199　创建圆形并修改层名称

（3）再复制一个圆（"Ctrl+C"组合键、"Ctrl+F"组合键），锁定"底圆"层，使用参考线与复制的圆进行【分割】运算，生成两个半圆并命名为"左半圆"和"右半圆"，如图 3.200 所示。

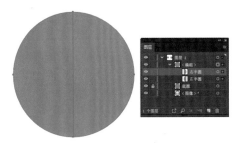

图 3.200　【分割】运算

（4）设置左半圆颜色为渐变色，颜色值为 #039BE5 和 #0591DD，右半圆颜色值为 #039BE5，如图 3.201 所示。

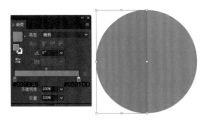

图 3.201　设置渐变色

（5）绘制宽、高都为 100px，圆角为 4px 的圆角矩形，旋转 45°后，再通过【直接选择工具】、【比例缩放工具】修改形状，如图 3.202 所示。

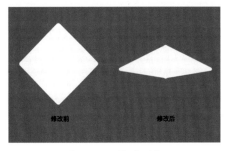

图 3.202　修改形状

（6）绘制一个宽为 162px、高为 16px、圆角为 2px 的圆角矩形。与上一步修改的形状【联集】运算，生成新图形，命名该层为"顶"，如图 3.203 所示。

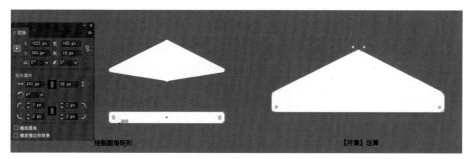

图 3.203 【并集】运算

（7）绘制宽为 150px、高为 20px、圆角为 4px 的圆角矩形，并且命名该层为"上间隔"，如图 3.204 所示。

（8）绘制宽为 28px、高为 76px 的矩形，并且再复制 2 个，如图 3.205 所示。

图 3.204 绘制圆角矩形

图 3.205 绘制、复制矩形

（9）复制"上间隔"层，并且改名字为"下间隔"。再创建一个宽为 164px、高为 26px、圆角只设置上面两个角为 4px 的圆角矩形，命名为"底座"，如图 3.206 所示。

（10）设置颜色，并且调整各层之间的位置关系。顶层颜色值为 #FAFAFA、上间隔颜色值为 #E7E7E7、中间立柱颜色值为 #F1F1F1、下间隔颜色值为 #F1F1F1、底座颜色值为 # F1F1F1，如图 3.207 所示。

图 3.206 绘制矩形

图 3.207 修改颜色、图层位置

（11）选择"顶"层复制一个，然后沿中线再绘制一个矩形，使用【减去顶层】，生成半个顶的形状，修改颜色为渐变色，如图 3.208 所示。

图 3.208　设置顶层拼凑效果

（12）再复制顶层 2 次，做出白边效果。将后复制出的"顶"层，向下移动一个位置，再使用【减去顶层】，生成白边，如图 3.209 所示。

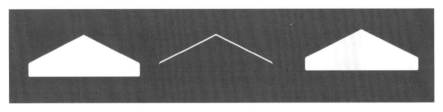

图 3.209　设置白边装饰效果

（13）参照第（12）步操作完成底座层拼凑、白边效果。渐变颜色值设置为 #F1F1F1、#E4E4E4。

（14）参照第（12）步操作完成下间隔拼凑效果。渐变颜色值设置为 #F1F1F1、#EAEAEA。

（15）绘制宽为 28px、高为 2px 的矩形，并且再复制 2 个，作为立柱边装饰物，如图 3.210 所示。

（16）使用【钢笔工具】，绘制三角形，添加渐变色做立柱上投影效果，渐变颜色值为 #B5B5B5、#E0E0E0，如图 3.211 所示。

图 3.210　完成白边装饰

图 3.211　完成立柱投影

（17）分别为上间隔和底座设置投影效果，颜色值为 #014763，参数如图 3.212 所示。

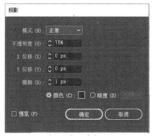

上间隔投影参数　　　　　　　　底座投影参数

图 3.212　投影参数

（18）使用【钢笔工具】，绘制长投影效果，如图 3.213 所示。

（19）复制底圆层，使新生成的底圆与长投影【交集】运算，形成长投影，如图 3.214 所示。

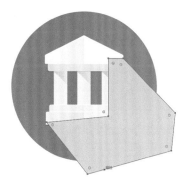

图 3.213　绘制长投影　　　　　　　　图 3.214　【交集】运算

（20）设置长投影渐变颜色值分别为 #068BD7、#0594DF，如图 3.215 所示。

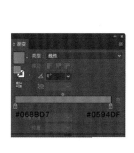

图 3.215　设置长投影效果

（21）保存文件，分别生成 PDF 与 PNG 文件。

3.5.10　彩色"切片球"制作

通过本案例练习，了解平面软件如何实现 3D 效果的基本原理，增加空间表现力，最终效果如图 3.216 所示。

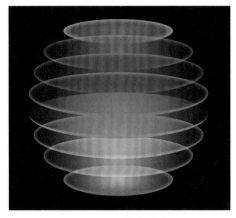

图 3.216　最终效果

（1）新建文档，文件大小为 1000px×1000px，不设置"出血"值，"颜色模式"设置为"RGB 颜色"，"光栅效果"设置为"屏幕（300 ppi）"。

（2）开启智能参考线（"Ctrl+U"组合键），选择【椭圆工具】创建一个宽、高都为 450px 的正圆。

（3）添加 8 个新椭圆。用【变形工具】将它们调整为合适的尺寸，摆放在正确的位置，如图 3.217 所示。

（4）现在模拟一些透视的效果。选择除最上方椭圆外的所有椭圆，分别打开【变换工具】（"Alt + Ctrl + Shift + D"组合键）。将垂直缩放改为 103%，单击"确定"按钮，如图 3.218 所示。

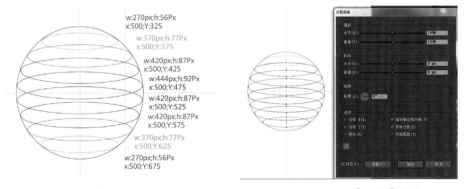

图 3.217　绘制 8 个小圆　　　　　　　　图 3.218　【变换】操作

（5）应用【选择工具】，按"Shift"键并单击从上数第 2 个椭圆减选它。现在只选中了 6 个椭圆，按"Ctrl + D"组合键重复上一次的变形会使被选中的椭圆再加长

3%。重复上述操作，依次减选椭圆再重复变形。注意最下方的椭圆出了大圆圈的边界。移动最下方的椭圆 2px 来修正这个问题。

（6）选择 8 个圆，再次分别打开【变换工具】（"Alt + Ctrl + Shift + D"组合键）。这次修改垂直缩放参数为 115% 并单击"复制"按钮。会得到 8 个新椭圆，每一个会比原图像长 15%，如图 3.219、图 3.220 所示。

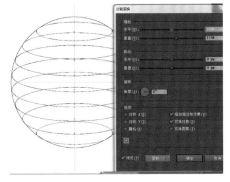

图 3.219　复制【变换】操作　　　　　　图 3.220　复制后效果

（7）使用【选择工具】选择最上面的 2 个椭圆。打开"路径查找器"面板，使用【分割】运算。对剩余的椭圆重复上述操作。表面上看好像没什么变化，但图形现在已经被切碎了，如图 3.221 所示。

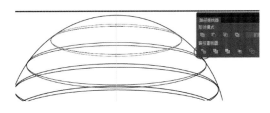

图 3.221　【分割】运算

（8）使用【直接选择工具】，单击选中上面圆弧，按"Delete"键将其删除。剩下的形状像有一定角度的圆盘。为剩下的椭圆重复这一步骤，如图 3.222 所示。

图 3.222　修改椭圆形状

（9）图形的基础部分已经做好了，下面开始设置边缘颜色。用【直接选择工具】依次选择，去掉描边颜色，将填充颜色值依次设置为 #FF2C85、#F42DF7、

#662DEF、#2F49E7、#31A0DE、#31DEC5、#33CE4A、#7BC636，如图 3.223 所示。

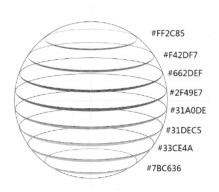

图 3.223　设置边缘颜色

（10）现在为环形的内部设置颜色。为 8 个圆形应用 8 个渐变。所有的渐变都由我们的 8 个基本色得来，从 100% 透明度到完全透明。使用【渐变工具】调整渐变的形态和位置，如图 3.224 所示。

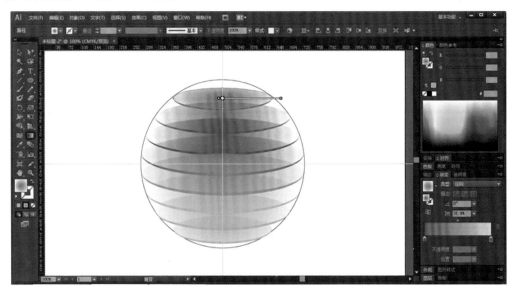

图 3.224　设置内部颜色

（11）设置装饰效果。使用【直接选择工具】选中最上面的一组形状，应用"效果">"风格化">"内发光"命令。另外，轮廓选择滤色模式，50% 不透明度，10px 模糊并选择一个和渐变搭配的颜色。

（12）新建一层。画一个宽、高都为 1000px 的正方形，填充黑色作为背景。

（13）完成制作，保存文件。

思考与练习

1. 掌握 Illustrator 软件的使用。

2. 掌握使用 Illustrator 设计各类图标技法。

3. 使用 Illustrator 完成下列线性图标。

Temple of Heaven

4. 使用 Illustrator 完成下列拟物图标。

Tea   Coffee

5. 使用 Illustrator 完成下列引导页面。

6. 使用 Illustrator 实现第 2 章作业中的主题图标。

第 4 章

4

Photoshop 图标设计实战

4.1	Photoshop 概述	/	115
4.2	Photoshop 基本操作	/	115
4.3	Photoshop 矢量工具	/	121
4.4	图层样式	/	128
4.5	Photoshop 图标设计实战	/	134
思考与练习		/	152

4.1 ▶ Photoshop 概述

Photoshop 是 Adobe 公司出品的一款优秀的图形处理软件，也是目前使用率较高的平面设计软件，其功能非常强大，应用于平面设计、图片处理、网页设计、文字设计、三维设计及 UI 设计。

随着移动端产品的普及和对移动端产品设计的重视，Adobe 公司在对 Photoshop 升级过程中，不断对移动产品设计工具、UI 设计工具等方面进行优化和调整，使其越来越贴合 UI 设计师的需求和使用。例如，从 Photoshop CC 版本开始，加强了对矢量图形工具的灵活操作；从 Photoshop CC 2015 版本开始，常用的 5 种图层样式可以累加 10 次使用，类似这样的功能贴合 UI 设计师的需求，同时也越来越让设计师离不开 Photoshop，也正因为这些改变，Photoshop 仍然还是广大设计师首选的设计利器。

4.2 ▶ Photoshop 基本操作

4.2.1 工作区概览

Photoshop CC 2018 的工作界面包括菜单栏、标题栏、工具选项栏、选项卡、文档窗口、工具箱、状态栏和面板等组件，如图 4.1 所示。

图 4.1　Photoshop 工作界面

◇ 菜单栏：包含可以执行的各种命令。单击菜单名称即可打开相应的菜单。

◇ 标题栏：显示文档名称、文件格式、窗口缩放比例和颜色模式等信息；如果文档中包含多个图层，则标题栏还会显示当前工作图层的名称。

◇ 工具选项栏：用来设置工具的各项选择，它会随着所选工具的不同而改变选项内容。

◇ 选项卡：打开多个图像时，只在窗口中显示一个图像，其他的则最小化到选项卡中。单击选项卡中各个文件名便可显示相应的图像。

◇ 文档窗口：显示和编辑图像的区域。

◇ 工具箱：包含用于执行各种操作的工具，如创建选区、移动图像、绘画和绘图等。

◇ 状态栏：可以显示文档大小、文档尺寸、当前工具和窗口缩放比例等信息。

◇ 面板：有的用来设置编辑各种选项，有的用来设置颜色属性。

熟练掌握 Photoshop 的操作界面结构、工具箱内的工具、面板组成是深入学习 Photoshop 的重要基础。

4.2.2　了解 Photoshop 中的工具

Photoshop 的工具箱中包含了用于创建和编辑图像、图稿、页面元素的工具及按钮，如图 4.2 所示。这些工具按照用途可以分为 7 组，如图 4.3 所示。

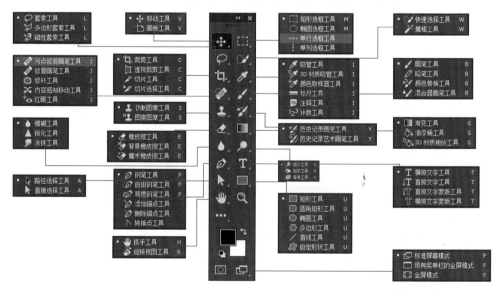

图 4.2　工具介绍

116

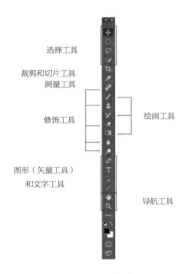

选择工具

裁剪和切片工具
测量工具

修饰工具

绘画工具

图形（矢量工具）
和文字工具

导航工具

图 4.3　工具分类

4.2.3　新建 Photoshop 文档

在 Photoshop CC 2018 版本中有两种新建文档的方法。

（1）打开软件后，自动出现"开始"工作区，在该区域内显示最近使用或打开过的文件或素材，以及创建新文档的按钮，如图 4.4 所示。可以通过"编辑"＞"首选项"＞"常规"进行打开或关闭设置，如图 4.5 所示。

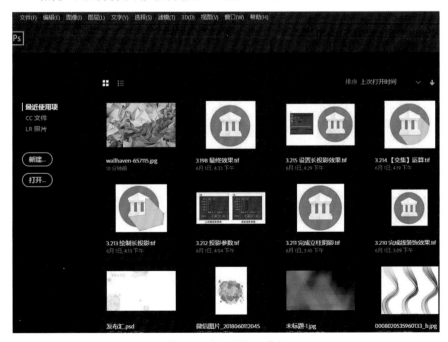

图 4.4　"开始"工作区

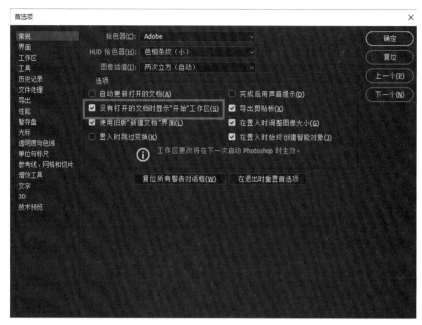

图 4.5 "首选项"打开或关闭"开始"工作区

（2）选择"文件">"新建"命令（或按组合键"Ctrl+N"），弹出新版"新建文档"界面，如图 4.6 所示。新旧版"新建文档"界面可以通过"编辑">"首选项">"常规"进行设置，如图 4.7 所示。

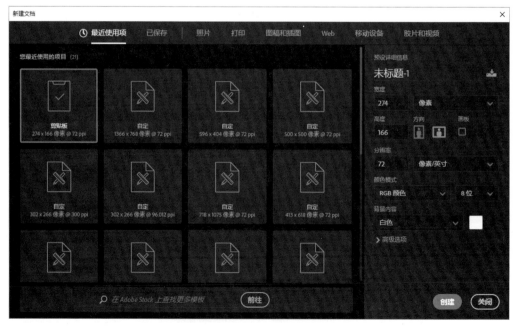

图 4.6 新版"新建文档"界面

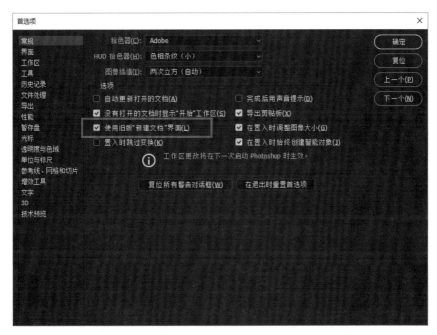

图 4.7　"首选项"打开或关闭"新建文档"界面

下面以新版"新建文档"界面讲解参数。

❖ 选择创建"文档类型""照片""打印""图稿和插图""Web""移动设备""胶片和视频"，选择不同的类型，相关参数会发生相应变化。

❖ 名称：默认名称为"未标题 -1"，单击该处，可修改为所需的名称。

❖ 宽度 / 高度：设置文档大小，注意单位的选择。常用单位有像素、毫米、厘米、英寸、点。

❖ 分辨率：默认为 72 像素 / 英寸。当产出物为精美印刷品时，分辨率可能需要调整为 150 像素 / 英寸，或者 300 像素 / 英寸。

❖ 颜色模式：默认为 RGB 颜色。如果设计的是印刷出版产品，则颜色模式设置为 CMYK 颜色；如果设计的是电子产品、移动端产品，则保持默认值。

4.2.4　保存 Photoshop 文档

文件进行处理后，需要及时保存，以免出现意外造成文件丢失。在 Photoshop CC 2018 中可以使用不同的命令保存文件，包括"存储""存储为""导出"等命令。

1. "存储"命令

选择"文件"＞"存储"命令，即可将文件以原有格式进行存储，且保存在原位置处。

2. "存储为"命令

选择"文件">"存储为"命令，可以将当前文件保存为其他名称和格式，或者将它存储到其他位置。

3. "导出"命令

选择"文件">"导出"命令，可以快速导出"PNG 文件""存储为 Web 所有格式""路径到 Illustrator"等。

4.2.5　保存文件类型

Photoshop 可兼容的文件格式与可生成的格式类型都比较多，Photoshop CC 2018 版本中可保存的常用文件类型如表 4.1 所示。

表 4.1　Photoshop CC 2018 版本中可保存的常用文件类型

文 件 格 式	说　　明
PSD 格式	PSD 是 Photoshop 默认的文件格式，可以保留文档中包含的所有图层、蒙版、通道、路径、各种文字、图层样式等内容，通常情况下，都将文件保存为 PSD 格式，方便日后随时修改，并且 Adobe 其他软件可以无缝置入该格式
BMP 格式	BMP 是一种用于 Windows 操作系统的图形格式。主要保存位图文件，该格式可以处理 24 位颜色的图像，支持 RGB、位图、灰度和索引模式，但不支持 Alpha 通道
GIF 格式	GIF 是基于网络上传输图像而创建的文件格式。支持透明背景和动画，被广泛地应用在网络文档中
EPS 格式	EPS 是 PostScript 打印机上输出图像而开发的文件格式。几乎所有的图形、图标和页面排版程序都支持该格式。可以同时包含矢量图形和位图图像，支持 RGB、CMYK、位图、双色调、灰度、索引和 Lab 模式，但不支持 Alpha 通道
JPEG 格式	JPEG 是由联合图像专家组开发的文件格式，采用有损压缩方式。JPEG 图像打开时会自动解压缩。压缩比高，支持 RGB、CMYK 和灰度模式，不支持 Alpha 通道
PDF 格式	PDF 是一种跨平台、跨应用程序的通用文件格式。支持矢量数据和位图数据，具有电子文档搜索和导航功能，是 Adobe Illustrator 和 Adobe Acrobat 的主要格式。支持 RGB、CMYK、索引、灰度、位图和 Lab 模式，不支持 Alpha 通道
PNG 格式	PNG 是作为 GIF 的无专利替代产品而开发的，用于无损压缩和在 Web 上显示图像。PNG 支持透明背景
TGA 格式	TGA 是专用于 Truevision 公司显卡而开发的一种图像文件格式。支持一个单独的 Alpha 通道的 32 位 RGB 文件，以及无 Alpha 通道的索引、灰度模式、16 位和 24 位的 RGB 文件
TIFF 格式	TIFF 是一种通用的文件格式。所有的绘画、图像编辑和排版程序都支持该格式。支持具有 Alpha 通道的 CMYK、RGB、Lab、索引颜色和灰度图像，以及没有 Alpha 通道的位图模式图像。Photoshop 可以在 TIFF 文件中存储图层，但在其他软件中打开该文件，图层不显示

4.3 ▶ Photoshop 矢量工具

Photoshop 强大的设计功能与广泛的应用范围是众所周知的，随着版本的不断提升，功能也越来越优化。由于篇幅的原因，下面将重点介绍 Photoshop CC 2018 中针对 UI 的设计，所需的矢量图形工具介绍和相关操作技巧。

4.3.1 钢笔工具

在 Photoshop 的所有工具中，钢笔工具的重要性可谓是重中之重。理论上说任何需要的图形都可以由钢笔绘制出来。在 Photoshop CC 2018 中，钢笔组是由【钢笔工具】、【自由钢笔工具】、【弯度钢笔工具】、【添加锚点工具】、【删除锚点工具】和【转换点工具】组成的，如图 4.8 所示。

✧ 绘制直线

使用【钢笔工具】绘制的最简单的路径是直线，通过单击【钢笔工具】在画布中创建两个锚点，即可生成直线，继续单击可创建由角点连接的直线段组成的路径，如图 4.9 所示。

图 4.8　钢笔的组成

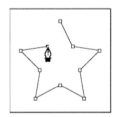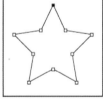

图 4.9　绘制直线

✧ 绘制曲线

在曲线改变方向的位置添加一个锚点，然后拖动构成曲线形状的方向线。方向线的长度和斜度决定了曲线的形状，如图 4.10 所示

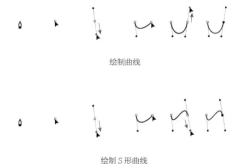

绘制曲线

绘制 S 形曲线

图 4.10　绘制曲线

❖ 绘制形状

使用【钢笔工具】后，确保在"工具选项栏"中，设置绘制类型为"形状"，如图4.11所示。将绘制出矢量图形，且在图层面板中以矢量图层的样式表示，如图4.12所示。

图4.11 "形状"选项　　　　　　　　图4.12 创建矢量图形

4.3.2　路径选择工具/直接选择工具

【路径选择工具】/【直接选择工具】是选择矢量图形时的工具。【路径选择工具】可以整体选择图形，并且可以移动。【直接选择工具】可以选择单个或多个构成图形的锚点或路径，方便对图形的操作和控制，但要与【移动工具】有所区别。

4.3.3　形状图形工具

Photoshop CC 2018中的形状图形工具包含【矩形工具】、【圆角矩形工具】、【椭圆工具】、【多边形工具】、【直线工具】和【自定形状工具】。

❖ 【矩形工具】：属于实时形状。选择【矩形工具】，鼠标单击画布，并拖曳一定范围，即可绘制出矩形，同时按住"Shift"键可以绘制出正方形，绘制完成会弹出"实时形状属性"面板，如图4.13所示。在"实时形状属性"面板中可以设置矩形相关参数，并且可随时作用在矩形上。

❖ 【圆角矩形工具】：属于实时形状。选择【圆角矩形工具】，鼠标单击画布，并拖拽一定范围，即可绘制出圆角矩形，同时按住"Shift"键可以绘制出正方形，绘制完成会弹出"实时形状属性"面板，如图4.13所示。在"实时形状属性"面板中可以设置圆角矩形相关参数，并且可随时作用在圆角矩形上。

❖ 【椭圆工具】：属于实时形状。选择【椭圆工具】，鼠标单击画布，并拖曳一定范围，即可绘制出椭圆，同时按住"Shift"键，可以绘制出圆形，绘制完成会弹出"实时形状属性"面板，如图4.13所示。在"实时形状属性"面板中可以设置椭圆的相关参数，并且可随时作用在椭圆上。

矩形实时形状属性面板

圆角矩形实时形状属性面板

椭圆实时形状属性面板

图 4.13　"实时形状属性"面板

需要注意的是，矩形、圆角矩形、椭圆三个图形如果在设计过程中对它们进行破坏性操作（如旋转、移动锚点等操作）时，将会转换为"常规路径"，其提示对话框如图 4.14 所示。即不再具有"实时形状属性"面板。

图 4.14　转变为常规路径提示对话框

✧ 【多边形工具】：属于常规路径形状。绘制多边形时，需要先在"工具选项栏"中设置相关参数，如图 4.15 所示，再绘制图形。

图 4.15　多边形设置参数

✧ 【直线工具】：属于常规路径形状。绘制直线时，可以按住"Shift"键，绘制出 45°及其倍数的直线。

✧ 【自定形状工具】：属于常规路径形状。通过 Photoshop 自带的形状进行绘制，图形不够用可以将图形文件（.csh），通过"编辑" > "预设" > "预设管理器"进行载入。

4.3.4　设置颜色方法

在 Photoshop CC 中，给矢量图形设置颜色的方法有以下几种，熟练并灵活掌握设置颜色的方法，在设计过程中会起到事半功倍的效果。

✧ 通过"工具选项栏"设置颜色，当颜色确定后，图形颜色即修改完成，如图 4.16 所示。

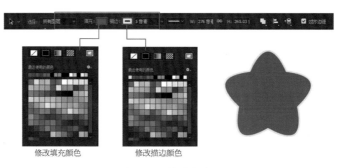

修改填充颜色　　　　修改描边颜色

图 4.16　修改颜色

❖ 通过"实时形状属性"面板修改颜色。在绘制矩形、圆角矩形、椭圆时，会弹出"实时形状属性"面板，在该面板上可以对上述三种形状修改颜色。当颜色确定后，图形颜色即修改完成。

❖ 双击图层缩略图后，在弹出的"拾色器"面板中修改颜色，在选择颜色的过程中，图形中的颜色会随着选择的颜色变化而变化，确定后颜色修改完成。这种方法更加适合在设计过程中的配色时使用。

4.3.5　布尔运算

从 Photoshop CC 开始，布尔运算操作在矢量图形设计过程中越来越重要。随着 Photoshop 版本的升级，该功能操作也越来越灵活，这是设计师必须掌握的技法，也是实现制作精致效果的基础。

为了方便初学者对布尔运算的掌握，下面将分为两种情况介绍：相同图层的布尔运算、不同图层的布尔运算。当然这是作者为了方便初学者掌握布尔运算，人为进行划分的，但在实际设计过程中，并没有要求这两种方法的使用场景。

❖ 布尔运算位置

在 Photoshop CC 2018 中，布尔运算包括【合并形状】、【减去顶层形状】、【与形状区域相交】、【排除重叠形状】和【合并形状组件】。其位置在两处可以找到："选择工具属性" 面板和"实时形状属性" 面板，常在第一处位置进行布尔运算操作。布尔运算位置如图 4.17 所示。

图 4.17　布尔运算位置

✧ 相同图层的布尔运算

【合并形状】：绘制一个形状，然后按住"Shift"键的同时，再绘制一个形状，使新绘制的形状与原形状在一个图层中，两个形状合并在一起，即完成【合并形状】运算。效果如图 4.18 所示。

【减去顶层形状】：绘制一个形状，然后按住"Alt"键的同时，再绘制一个形状，使新绘制的形状与原形状在一个图层中，并且后绘制的图形减去原图形，即完成【减去顶层形状】运算。效果如图 4.19 所示。

图 4.18 【合并形状】运算效果

图 4.19 【减去顶层形状】运算效果

【与形状区域相交】：先通过按住"Shift"键或"Alt"键将两个形状绘制到一个图层中，重新通过选择【与形状区域相交】运算，产生交集效果，如图 4.20 所示。

【排除重叠形状】：先通过按住"Shift"键或"Alt"键将两个形状绘制到一个图层中，重新通过选择【排除重叠形状】运算，产生补集效果，如图 4.21 所示。

图 4.20 【与形状区域相交】运算效果

图 4.21 【排除重叠形状】运算效果

【合并形状组件】：在进行布尔运算时，图形默认状态之间的关系并没有真正地将路径合并到一起，即图形之间还是相互独立的。这样的优势是，方便设计师能够及时更改图形之间的位置、关系等。如果能将图形组成最终效果，还是应该使用【合并形状组件】将多个图形最终组成一个整体，效果如图 4.22 所示。

合并形状组件   合并形状属性

图 4.22 【合并形状组件】运算效果

◇ 不同图层的布尔运算

不同图层的布尔运算在实际工作中也是常用的一种形式。其操作方法是先将不同图层合并到一个图层中（"Ctrl+E"组合键），剩下的操作与在相同图层的布尔运算相同。

在实施不同图层【减去顶层形状】运算时，一定要注意图层的上下位置关系，合并图层后原上层的图形将被原下层的图形减去。

◇ 注意事项

不同图层的布尔运算，图层之间必须相邻，不能有间隔；实施【减去顶层形状】运算时，只能显示闭合路径；形状和路径不能同时进行布尔运算。

布尔运算在设计中的灵活应用是设计师必须掌握的方法。

4.3.6 对齐、排列关系

在设计过程中，图形之间是否遵循对齐规范，是制作精美效果的基础和保证。在Photoshop CC 2018 中，对齐的方法可以分为两种情况。

◇ 相同图层的图形对齐：使用【路径选择工具】，选中其中的所有图形，在"工具选项栏"中选择对齐方式，如图 4.23 所示。有"对齐到选区""对齐到画布"两种方式，如图 4.24 所示。"对齐到选区"是指所选图形之间相互对齐；"对齐到画布"是指所选图形都与画布对齐。

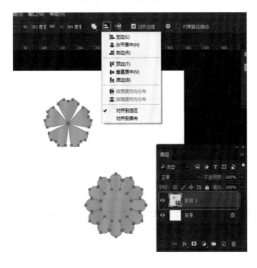

相同图层布尔运算

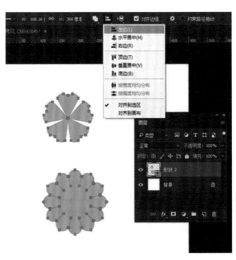

图形对齐方式

图 4.23　相同图层的图形对齐

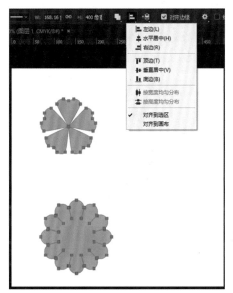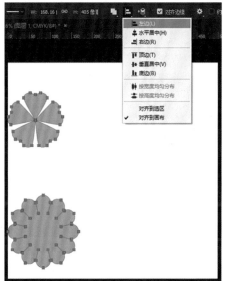

对齐到选区   对齐到画布

图 4.24 　对齐方式

✧ 不同图层的图形对齐：选中要对齐的图形所在图层，使用【移动工具】，在"工具选项栏"中选择对齐方式，如图4.25所示。如果需要所选图形与背景层对齐，则在选择图层时加选背景层即可，如图4.26所示。

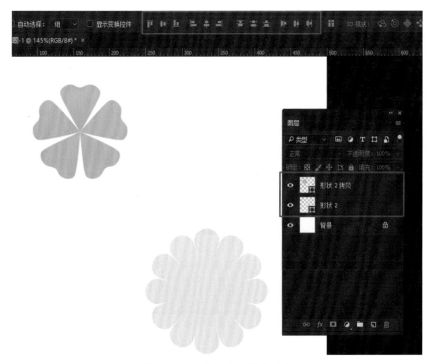

图 4.25 　不同图层的图形对齐

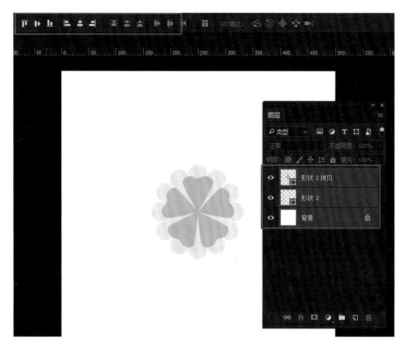

图 4.26　不同图层图形与背景层对齐

◇ 排列关系：在相同图层中的图形都存在不同的排列关系，可在"工具选项栏"中进行调整，如图 4.27 所示。排列关系的对否将决定布尔运算能否正确执行，尤其是【减去顶层形状】运算；不同图层的排列关系，参照"图层"面板中上下图层之间的位置关系及调整方法，如图 4.28 所示。

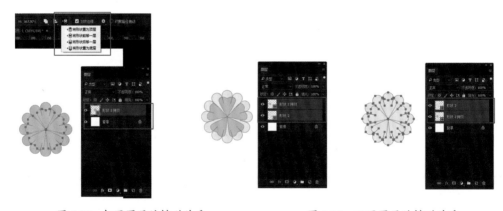

图 4.27　相同图层的排列关系　　　　　图 4.28　不同图层的排列关系

4.4　图层样式

　　图层样式也叫图层效果，可以为图层中的图像添加投影、发光、浮雕和描边等效果，创建真实质感的效果。图层样式可以随时修改、隐藏和删除，操作非常灵活。

4.4.1　添加图层样式

选择图层，单击"图层"面板中"图层样式（ƒx）"按钮，然后在弹出的选项中选择对应图层样式，如图 4.29 所示。双击需要添加图层样式的图层中部，也可以打开"图层样式"面板，如图 4.30 所示。

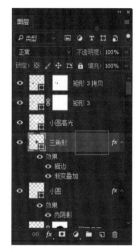

图 4.29　"图层样式"面板打开方法　　　图 4.30　双击图层中部打开"图层样式"面板

4.4.2　"图层样式"面板

"图层样式"面板的左侧有 10 种图层样式效果，如图 4.31 所示。如果效果名称前面的复选框被勾选，则表示在图层中添加了该效果。从 Photoshop CC 2015 开始，"描边""内阴影""颜色叠加""渐变叠加""投影"5 种常用的图层样式具有了累加效果功能，每种效果累加可以达到 10 次，操作方式、排列方式与图层原理相似。

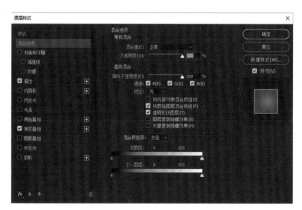

图 4.31　"图层样式"面板

"斜面和浮雕"可以对图层添加高光与阴影的各种组合，使图层内容呈现立体浮雕效果，其面板如图 4.32 所示。在"样式"中可以选择效果。"外斜面"可以在图层外侧边缘创建斜面；"内斜面"可以在图层内容的内侧边缘创建斜面；"浮雕效果"可以模拟浮雕状的效果；"枕状浮雕"可以模拟图层内部的边缘压入下层图层中产生的效果；"描边浮雕"可以将浮雕应用于图层描边效果的边界。其效果如图 4.33所示。

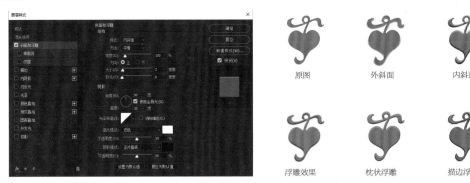

图 4.32　"斜面和浮雕"面板　　　　　　图 4.33　斜面和浮雕效果

　　斜面和浮雕的样式除有多种样式变化外，也可以通过光的效果进行效果设置。可以调整光的高度和角度，还可以调整高光模式和阴影模式。这都是其他图层样式不具备的。修改阴影效果如图 4.34 所示。

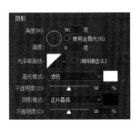

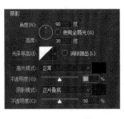

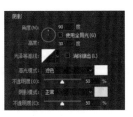

图 4.34　修改阴影效果

　　"描边"可以使用颜色、渐变或图案勾画出图形的轮廓，还可以增强立体效果，其面板如图 4.35 所示。效果如图 4.36 所示。

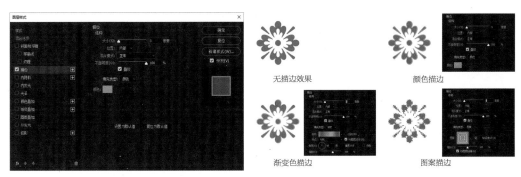

图 4.35　"描边"面板　　　　　　　　　图 4.36　描边效果

"内阴影"可以在仅靠图层内容的边缘向内添加阴影，产生凹陷或凸起效果，其面板如图 4.37 所示。效果如图 4.38 所示。

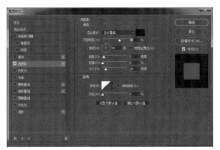

图 4.37　"内阴影"面板　　　　　　　　图 4.38　内阴影效果

"内发光"可以沿着图层内容的边缘向内创建发光效果，其面板如图 4.39 所示。效果如图 4.40 所示。

图 4.39　"内发光"面板　　　　　　　　图 4.40　内发光效果

"光泽"可以生成光滑的内部阴影，通常用于创建金属表面的光泽外观，其面板如图 4.41 所示。效果如图 4.42 所示。

"颜色叠加"可以在图层上指定叠加的颜色，通过混合方式和不透明度控制叠加效果，原图形颜色属性不变，其面板如图 4.43 所示。效果如图 4.44 所示。

131

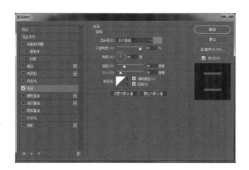

图 4.41 "光泽"面板

正常效果　　　　　　　光泽效果

图 4.42　光泽效果

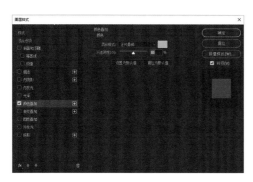

图 4.43　"颜色叠加"面板

原图效果

颜色叠加效果

图 4.44　颜色叠加效果

"渐变叠加"可以在图层上指定叠加的渐变色，通过混合方式和不透明度控制叠加效果，原图形颜色属性不变，其面板如图 4.45 所示。效果如图 4.46 所示。

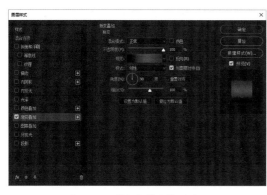

图 4.45　"渐变叠加"面板

原图效果

渐变叠加效果

图 4.46　渐变叠加效果

"图案叠加"可以在图层上指定叠加的图案，通过混合方式和不透明度控制叠加效果，原图形颜色属性不变，其面板如图 4.47 所示。效果如图 4.48 所示。

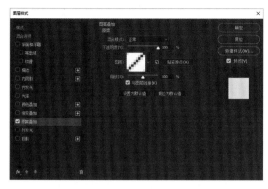

原图效果　　　　　　　　图案叠加效果

图 4.47　"图案叠加"面板　　　　　　图 4.48　图案叠加效果

"外发光"可以沿图层内容的边缘向外创建发光效果，其面板如图 4.49 所示。
效果如图 4.50 所示。

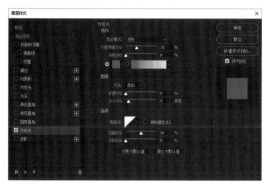

原图效果　　　　　　外发光效果

图 4.49　"外发光"面板　　　　　　图 4.50　外发光效果

"投影"可以为图层内容添加投影，使其产生立体感，其面板如图 4.51 所示。
效果如图 4.52 所示。

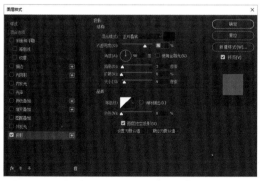

原图效果　　　　　　　投影效果

图 4.51　"投影"面板　　　　　　图 4.52　投影效果

注意事项：制作图标时光的角度经常设置为 90°、0°、180°、–90°；关闭"使
用全局光"参数，便于光效果的设置和调整；初学者遇到"混合方式"参数时，建议
调整为"正常"。

4.5 ▶ Photoshop 图标设计实战

4.5.1 图标的扁平化设计

扁平化概念的核心意义是：去除冗余、厚重和繁杂的装饰效果。而具体表现在去掉了多余的透视、纹理、渐变及能做出 3D 效果的元素，这样可以让"信息"本身重新作为核心被凸显出来。同时在设计元素上，强调了抽象、极简和符号化。

扁平风格优点如下。

（1）识别率高，减少认知障碍。

（2）降低移动设备的硬件需求，降低功耗、延长待机时间和提高运算速度。

（3）针对碎片化的屏幕尺寸，扁平化设计更简约，条理清晰，更好的适应性。

扁平风格缺点如下。

（1）降低用户体验，在非移动设备上令人反感。

（2）缺乏直观性，需要一定的学习成本。

（3）传达的感情不丰富，甚至过于冰冷。

常见扁平风格图标类型如下。

1. 纯平面

一般表现为纯色或剪影效果。简洁、清新、舒服、视觉识别度好、色彩明朗、设计感强烈，效果如图 4.53 所示。

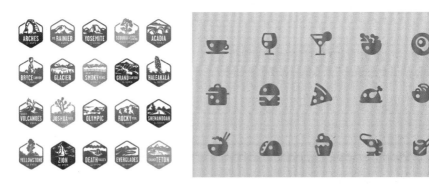

图 4.53　扁平风格之纯平面效果

2. 轻折叠

一般表现为纯色、折叠、轻投影效果。比纯平面丰富，有轻微的视觉空间感，色彩明朗，轻投影营造出轻盈的感觉，视觉统一性好，效果如图 4.54 所示。

图 4.54　扁平风格之轻折叠效果

3．轻质感

一般表现为轻渐变、简单层次、轻投影效果。内容相对丰富，有一定的立体感，轻盈、清新，效果如图 4.55 所示。

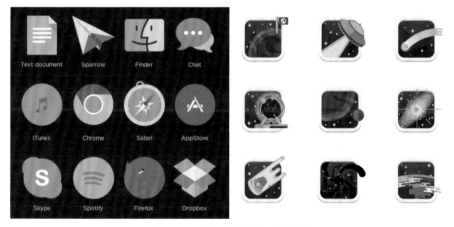

图 4.55　扁平风格之轻质感效果

4．折纸效果

一般表现为折叠、投影构成效果。善于展示扁平化的立体视觉效果，效果如图 4.56 所示。

图 4.56　扁平风格之折纸效果

5. 厚度效果

一般有厚度并关注细节的设计效果，通过轻投影效果展示厚度，关注细节刻画。但要注意图标设计的统一性，效果如图 4.57 所示。

图 4.57　扁平风格之厚度效果

6. 长投影

添加长投影的渐变效果。增加立体感和表现层次，柔和统一，但设计长投影时要准确，效果如图 4.58 所示。

图 4.58　扁平风格之长投影效果

4.5.2　线形图标

"Call in" 图标设计方法

使用【钢笔工具】和【图形工具】绘制 "Call in" 图标，最终效果如图 4.59 所示。

（1）创建画布。宽、高均为 1000px，分辨率为 72ppi，颜色模式为 RGB 颜色，参数如图 4.60 所示。

图 4.59　最终效果　　　　　　　　图 4.60　创建画布参数

（2）使用【椭圆工具】绘制圆。绘制的同时按住"Shift"键和"Alt"键，绘制一个大小为 180px 的圆，去掉填充颜色，只保留描边颜色（颜色值为 #78B4E3，描边宽度为 20px）。然后复制该图层（"Ctrl+J"组合键）再生成一个圆环，并且分开摆放，作为两端话筒，如图 4.61 所示。

（3）使用【椭圆工具】绘制椭圆。宽为 320px，高为 550px，并且旋转 45°，调整位置，如图 4.62 所示。

（4）选择椭圆，再复制一个（"Ctrl+J"组合键），并且调整形状，如图 4.63 所示。

图 4.61　创建两个圆环　　　　图 4.62　创建椭圆　　　　图 4.63　复制椭圆

（5）使用【钢笔工具】中的【添加锚点工具】，分别给两个椭圆添加锚点，并且使用【直接选择工具】选择要删除的锚点后，单击"Delete"键删除，如图 4.64 所示。

添加锚点　　　　　　　选择要删除的锚点　　　　　　最终形状

图 4.64　添加、删除锚点

137

（6）参照第（5）步，对两个圆添加、删除对应位置锚点，如图 4.65 所示。

（7）绘制尖头。使用【圆角矩形工具】绘制宽为 180px、高为 26px、圆角为 13px 的圆角矩形，再绘制两个宽为 90px、高为 26px、圆角为 13px 的圆角矩形。调整形状为尖头，如图 4.66 所示。

图 4.65　添加、删除锚点　　　　　　　　图 4.66　绘制尖头效果

（8）完成效果制作，并命名为"Call in"。保存文件类型为 PSD 和 PNG。

"Theme" 图标设计方法

使用【钢笔工具】和【图形工具】绘制"Theme"图标，最终效果如图 4.67 所示。

图 4.67　最终效果

（1）创建画布。宽、高均为 1000px，分辨率为 72ppi，颜色模式为 RGB 颜色。

（2）使用【椭圆工具】绘制宽为 158px、高为 180px 的椭圆。

（3）使用【矩形工具】绘制宽为 370px、高为 110px 的椭圆。使用【直接选择工具】与【钢笔工具】添加锚点，修改形状，如图 4.68 所示。

绘制圆形　　　　　　　　　　　绘制矩形　　　　　　　　　　　修改形状

图 4.68　绘制圆形、矩形并修改形状

（4）使用【矩形工具】绘制宽为 250px、高为 190px 的椭圆。使用【直接选择工具】与【钢笔工具】添加锚点，修改形状，如图 4.69 所示。

（5）使用【钢笔工具】、【直接选择】工具，添加、删除锚点，修改形状，如图 4.70 所示。

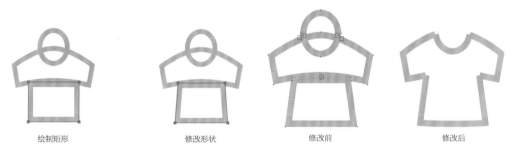

图 4.69　绘制矩形并修改形状　　　　　图 4.70　添加、删除锚点

（6）选中所有线，修改线的端点为"圆形"端点，如图 4.71 所示。

图 4.71　修改边端点为"圆形"

（7）完成。保存并命名为"Theme"，保存文件类型为 PSD 和 PNG。

4.5.3　剪影图标

"Telephone"图标设计方法

扁平风格中的剪影效果是常见的效果之一。本案例利用"布尔运算"与【形状工具】进行设计与制作。最终效果如图 4.72 所示。

图 4.72　最终效果

（1）创建画布。宽、高均为 800px，分辨率为 72ppi，颜色模式为 RGB 颜色。

（2）使用【圆角矩形工具】，绘制宽和高均为 512px、圆角为 120px 的圆角矩形，颜色值为 #1DA831，如图 4.73 所示。

（3）使用【椭圆工具】，绘制宽为 460px、高为 330px 的椭圆，如图 4.74 所示。

图 4.73　绘制圆角矩形

图 4.74　绘制椭圆

（4）进行同层图层布尔运算。按住"Alt"键，分别绘制两个矩形，做【减去顶层形状】运算，如图 4.75 所示。选中所有图形，进行【水平居中对齐】操作，如图 4.76 所示。

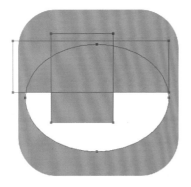

图 4.75　【减去顶层形状】运算

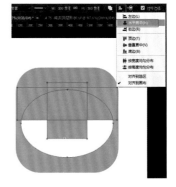

图 4.76　水平居中对齐

（5）水平方向从标尺拖曳"参考线"，位于图形中间位置。使用【添加锚点工具】分别对两个矩形的下边添加锚点，并且使用【直接选择工具】，向下移动，生成下弧线效果，如图 4.77 所示。

图 4.77　下弧线效果

（6）修改圆角。按住"Alt"键绘制矩形，减掉原来尖角效果。按住"Shift"键绘制宽、高均为 50px 的正圆，补充圆角效果，如图 4.78 所示。

原尖角效果 減掉尖角效果 补充圆角效果

图 4.78 修改为圆角效果

（7）参照第（6）步操作，完成其他尖角的圆角效果处理，如图 4.79 所示。

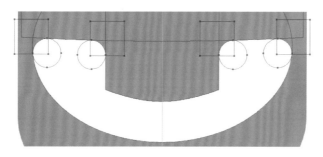

图 4.79 修改外角圆角效果

（8）修改内角圆角效果。按住"Shift"键，绘制正圆，然后按住"Alt"键，再绘制一个圆形【减去顶层形状】，如图 4.80 所示。

（9）选中所有图形，进行【合并形状组件】操作，将所有图形合并成一个图形，并且旋转 45°，完成设置。命名为"Telephone"，保存文件类型为 PSD 和 PNG。

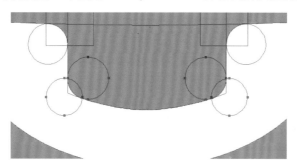

图 4.80 修改内角圆角效果

"Setting"图标设计方法

在 Photoshop 中组合键的使用非常重要，一些重要的组合键需要牢记并灵活运用。本案例利用"Ctrl+Shift+Alt+T"组合键，完成"Setting"图标制作，最终效果如图 4.81 所示。

图 4.81　最终效果

（1）创建画布。宽、高均为 800px，分辨率 72ppi，颜色模式为 RGB 颜色。

（2）使用【椭圆工具】，绘制大小为 130px 的正圆，设置颜色值为 #3A3381。

（3）使用【圆角矩形工具】，绘制宽为 22px、高为 42px、圆角为 2px 的矩形，并且与圆"水平居中对齐"，如图 4.82 所示。

（4）选中圆形层，拖曳参考线，与图形水平居中对齐和垂直居中对齐。

（5）选中圆角矩形，使用"自由变换"组合键"Ctrl+T"，按住"Alt"键，移动圆角矩形的轴心点至圆心处，如图 4.83 所示。

图 4.82　水平居中对齐

图 4.83　移动圆角矩形的轴心

（6）按住"Shift"键并按住鼠标左键进行旋转，旋转 45°后确定，如图 4.84 所示。

（7）使用快捷组合键"Ctrl+Shift+Alt+T"，旋转并复制圆角矩形，如图 4.85 所示。

图 4.84　旋转圆角矩形

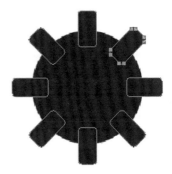

图 4.85　旋转并复制圆角矩形

（8）按住"Alt"键，并且在图形中心绘制一个小圆（布尔运算），如图 4.86 所示。

图 4.86　绘制中心小圆并减掉

（9）选中所有图形合并到一层（"Ctrl+E"组合键），再进行【合并形状组件】操作。

（10）将合并后的图形再复制一个，调整角度、大小，完成制作，保存文件并命名。

"Focus"图标设计方法

Photoshop 中的"布尔运算"在图形设计中非常重要，无论是在同层，还是在不同层，设计师要熟练掌握，并且能够灵活运用。利用"布尔运算"设计制作"Focus"图标，最终效果如图 4.87 所示。

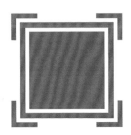

图 4.87　最终效果

（1）创建画布。宽、高均为 800px，分辨率为 72ppi，颜色模式为 RGB 颜色。

（2）使用【矩形工具】，绘制宽、高均为 230px 的矩形，设置颜色值为 #E14B28。

（3）选中矩形，复制一个矩形并调整大小为 284px，再复制一个矩形并调整大小为 254px，如图 4.88 所示。

（4）选择上面两层图形，合并形状（"Ctrl+E"组合键）。重新选择顶层图形，选择【减去顶层形状】，将其减掉，如图 4.89 所示。

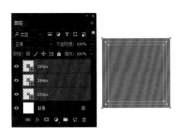

图 4.88　复制矩形

图 4.89　减掉矩形生成边框

143

（5）参照第（3）步和第（4）步，再复制两个矩形，大小分别为 308px、338px，使用"布尔运算"并【减去顶层形状】，生成外框，如图 4.90 所示。

（6）选中外框层。按住"Alt"键分别绘制两个矩形，并且居中对齐，形状修改完成后，合并形状组件，如图 4.91 所示。

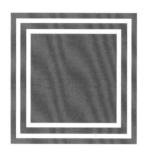
图 4.90　生成外框

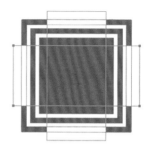
图 4.91　同层减去矩形

（7）制作完成。命名为"Focus"，保存文件类型为 PSD 和 PNG。

4.5.4　扁平彩色图标

"小米互娱"图标设计方法

小米互娱
图 4.92　最终效果

小米互娱图标通过"布尔运算"实现"形"的设计，通过弱渐变颜色实现视觉展示，层次丰富。最终效果如图 4.92 所示。

（1）创建画布。宽、高均为 800px，分辨率为 72ppi，颜色模式为 RGB 颜色。

（2）创建圆角矩形宽、高均为 512px，圆角为 80px，如图 4.93 所示。

（3）使用【多边形工具】，设置边为 5，绘制宽为 340px、高为 324px 的五角星，如图 4.94 所示。

图 4.93　绘制圆角矩形

图 4.94　绘制五角形

（4）使用【钢笔工具】沿着五角星边线绘制多边形，如图 4.95 所示。

（5）复制圆角矩形，并调整与绘制出的多边形图层相邻，合并形状（"Ctrl+E"组合键），执行【与形状区域相交】运算，生成新图形，如图 4.96 所示。

图 4.95　绘制多边形

图 4.96　【与形状区域相交】运算

（6）参照第（4）步和第（5）步操作方法，完成其他形状制作，如图 4.97 所示。

（7）设置弱渐变效果。参考值为：（#DF4F72、#F45441、角度为 60°）、（#F48E05、#F7AA02、角度为 0°）、（#90CB6F、#86D263、角度为 0°）、（#03ACCD、#07AED1、角度为 90°）、（#9665CE、#BA73C9、角度为 90°），如图 4.98 所示。

图 4.97　完成形状

图 4.98　弱渐变效果

（8）添加文字"小米互娱"，保存文件，保存文件类型为 PSD 和 PNG。

"便签"图标设计方法

轻折叠和长投影效果是扁平风格经常使用的设计方法。其通过细节的表现，增加设计层次感，属于现在流行的设计方法之一。本案例最终效果如图 4.99 所示。

图 4.99　最终效果

（1）创建画布。宽、高均为 800px，分辨率为 72ppi，颜色模式为 RGB 颜色。

（2）使用【矩形工具】，绘制四个矩形。第一个矩形宽为 22px，高为 220px；第二个矩形宽为 26px，高为 220px；第三个矩形宽为 26px，高为 220px；第四个矩形宽为 18px，高为 220px。将四个矩形按顺序排列，如图 4.100 所示。

（3）从左向右依次设置颜色，颜色值分别为 #9ED42D、#92C026、#81AC1F、#73980D，如图 4.101 所示。

图 4.100　绘制矩形

图 4.101　设置颜色

（4）选择四个矩形层，同时拖曳至"组"图标，创建新组，并且命名为"笔身"。由于金属层效果类似于"笔身"，所以直接复制"笔身"组（"Ctrl+J"组合键或拖曳至"创建新图层"图标），将新生成组重新命名为"金属"组，如图 4.102 所示。

（5）分别选择"金属"组各层，从左到右依次修改颜色，颜色值为 #EBEBEB、#D6D6D6、#C8C8C8、#B6B8B1，如图 4.103 所示。

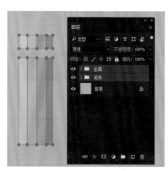

图 4.102　复制组

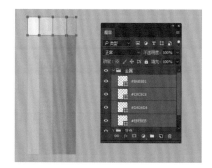

图 4.103　"金属"组设置颜色

（6）橡皮效果类似金属效果。选择"金属"组，再复制一次。生成新组，修改名称为"橡皮"。依次修改颜色值为 #EE5C5C、#EB4040、#EA2424、#DE0606，修改左边矩形左上角圆角为 18px，右边矩形右上角圆角为 18px，如图 4.104 所示。

（7）使用【矩形工具】。绘制宽为 92px、高为 70px 的矩形。再使用【删除锚点工具】删除下面一个锚点，使用【直接选择工具】修改形状为三角形，如图 4.105 所示。

（8）设置笔头颜色为渐变色，渐变色两端颜色值为 #F9E183、#B79F46，如图 4.106 所示。

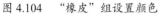

图 4.104 "橡皮"组设置颜色

图 4.105 绘制笔头

图 4.106 设置笔头颜色

（9）复制"笔头"层，等比缩小，制作笔尖。修改渐变颜色值为 #5A5A5A，如图 4.107 所示。

（10）选中所有组和层后再创建一个组，命名为"铅笔"，然后转换为【智能对象】（选中该组，鼠标右键 > 转换为智能对象）。如果不创建智能对象，很多样式效果不跟随图形变形或旋转等变化而变化，如图 4.108 所示。

图 4.107 设置笔尖颜色

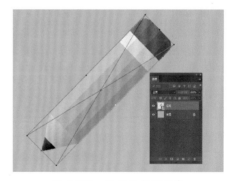

图 4.108 转换为智能对象

（11）使用【椭圆工具】，绘制 330px 和 450px 的两个正圆。将小圆命名为"圆"，大圆命名为"圆环"，设置"圆"的颜色值为 #EDF8FB，"圆环"不设置填充色，只设置描边色，颜色值同"圆"，描边宽度为 10px，如图 4.109 所示。

（12）在"圆"层上使用【矩形工具】绘制宽度为 350px、高度为 2px、颜色值为 #DBDBDB 的直线。按住"Alt"键的同时按住鼠标左键拖曳，在同层中再复制四条线，选中所有线，按高度均匀分布，如图 4.110 所示。

图 4.109 绘制圆与圆环

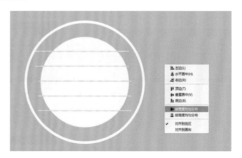

图 4.110 绘制直线

（13）选中"线"层，按住"Alt"键，将光标移动至"线"和"圆"两层之间，出现下箭头，单击左键实现"剪贴蒙版"效果，如图 4.111 所示。

（14）使用【钢笔工具】绘制多边形做长投影，如图 4.112 所示。

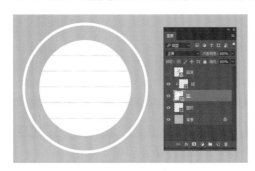

图 4.111　"剪贴蒙版"效果

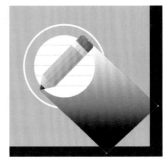

图 4.112　绘制长投影效果

（15）设置长投影颜色。渐变颜色值为 #02B5B8、#039093、角度为 120°，左侧渐变色不透明度值为 0，如图 4.113 所示。

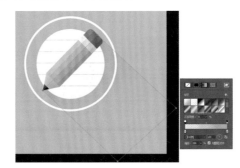

图 4.113　设置长投影颜色

（16）完成设计，保存文件名称为"便签"，保存文件类型为 PSD 和 PNG。

4.5.5　拟物图标的设计方法

"彩色旋钮"图标设计方法

制作精美图标时，少不了"图层样式"的灵活使用。此案例可以综合掌握"图层样式"在图标设计过程中的使用技巧。最终效果如图 4.114 所示。

图 4.114　最终效果

（1）创建画布。宽、高均为 800px，分辨率为 72ppi，颜色模式为 RGB 颜色，设置背景颜色值为 #B8231D。

（2）使用【圆角矩形工具】，绘制宽、高均为 580px 和圆角为 120px 的圆角矩形。填充线性渐变颜色值为 #F6CDC9、#FEF4F3。命名该圆为"圆角矩形"，如图 4.115 所示。

（3）使用【椭圆工具】绘制宽、高均为 388px 的圆形。设置线性渐变，颜色值为 # F9EBEB、#DFAFAB，命名该圆为"圆1"，如图 4.116 所示。

图 4.115　设置圆角矩形颜色　　　　　　　图 4.116　设置圆渐变颜色

（4）使用【椭圆工具】绘制宽、高均为 338px 的圆形。设置角度渐变，颜色值从左至右依次为 #3631B2、# 8B307F、# DC502D、#DF882D、#CFD42E、#2EFA2C、#3631B2，命名该圆为"圆2"，如图 4.117 所示。

（5）使用【椭圆工具】绘制宽、高均为 270px 的圆形。设置线性渐变，颜色值为 #ECBEBE、#FCF3F1，命名该圆为"圆3"，如图 4.118 所示。

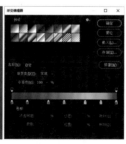　　　

图 4.117　绘制圆形角度渐变　　　　　　图 4.118　绘制圆形线性渐变

（6）使用【椭圆工具】绘制宽、高均为 168px 的圆形。设置线性渐变，颜色值为 #F8CCC9、#FEFCFD，命名该圆为"圆4"，如图 4.119 所示。

（7）使用【椭圆工具】绘制宽、高均为 100px 的圆形。设置线性渐变，颜色值为 #FCF2F1、#EEB2A8，命名该圆为"圆5"，如图 4.119 所示。

（8）使用【椭圆工具】，绘制圆形设计外圆凸起边缘效果。选中"圆1"复制图层（"Ctrl+J"组合键），并将其调整至"圆1"层下方，修改名字为"圆外"，修改大小为 460px，设置渐变颜色值为 #FFF2F1、#DC8782。设置"属性"面板中"蒙版"标签内"羽化"值为9px，如图4.120所示。

圆4渐变参数　　　圆5渐变参数

图4.119　设置圆的渐变效果　　　　　　　　图4.120　设置圆外边效果

（9）选中"圆1"设置"描边"图层样式，设置填充类型为"渐变"，设置颜色值为#C8A7A6、#FAF6F5。设置"内阴影"效果，内阴影颜色值为#E59E98，角度为90°，距离为10px，大小为13px，如图4.121所示。

图4.121　设置"圆1"的效果

（10）选择"圆3"层，设置图层样式为"内阴影""投影"。"内阴影"颜色值为# FDE1E2，角度为–90°，距离为5px，大小为1px。"投影"颜色值为#5E3634，角度为90°，距离为14px，大小为27px。如图4.122所示。

图4.122　设置"圆3"的效果

（11）选择"圆4"层，设置图层样式为"内阴影""投影"。"内阴影"颜色值为# FFDFDE，不透明度为50%，角度为–90°，距离为5px，大小为2px。"投影"颜色值为#8F3E3C，角度为90°，距离为20px，大小为30px，如图4.123所示。

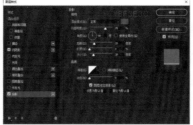

图 4.123 设置"圆 4"的效果

（12）选择"圆 5"层，设置图层样式为"描边""内阴影"。"描边"设置大小为 2px，颜色值设置为 #FEF2F1。"内阴影"颜色值为 # E3A79D，不透明度为 75%，角度为 90°，距离为 5px，大小为 24px。如图 4.124 所示。

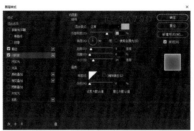

图 4.124 设置"圆 5"的效果

（13）参照前面步骤制作三角指示箭头。

（14）选择"圆角矩形"层，设置外框效果。设置图层样式为"内阴影""投影"。"内阴影"颜色值设置为 # E79492，不透明度为 75%，角度为 –90°，距离为 18px，大小为 16px。"投影"颜色值设置为 #8C0903，角度为 90°，距离为 15px，大小为 32px，如图 4.125 所示。

图 4.125 设置"圆角矩形"的效果

（15）完成制作，命名为"彩色旋钮"，保存文件类型为 PSD 和 PNG。

思考与练习

1. 熟练使用 Photoshop 的矢量工具。

2. 熟练掌握图层样式中的各参数选项，以及在设计中的合理应用。

3. 灵活运用蒙版和通道功能。

4. 使用 Photoshop 软件完成下列图标设计。

5. 使用 Photoshop 软件完成下列拟物图标。

6. 使用 Photoshop 软件完成下列精致图标。

第 5 章

5

iOS 规范及工具 App 视觉设计

5.1　App 类型及特点　　　　　　　　　　　　　/　154

5.2　iOS 控件介绍及设计规范　　　　　　　　　/　164

5.3　常见界面布局　　　　　　　　　　　　　　/　173

5.4　App 界面设计实战　　　　　　　　　　　　/　176

思考与练习　　　　　　　　　　　　　　　　　/　185

App，Application 的缩写，原意为计算机应用程序。现在多指安装在智能手机上的软件。

5.1.1 App 类型

目前，对 App 主要通过功能、用户群、界面布局、视觉设计风格等方面进行分类。通过设计规范、界面层级数量、交互设计、视觉设计风格四个维度为 App 进行分类是比较少见的，这种分类方法更容易理解 App 的设计特点，也方便初学者梳理、掌握不同类型 App 的特点。

1. 效率型（高效性）

效率型 App 是指能够帮助用户快速完成一个任务，注重内容的组织逻辑功能和信息架构的展现，以方便用户快速、高效使用，最终完成任务。

此类应用一般包含大量的列表及每个列表中的任务功能。最典型的就是系统自带的"Mail"应用，这是一个非常典型的效率型应用。

另外，此类应用给用户的感觉是层层进入，内容逐步具体化，直到可以完成用户的任务。例如，淘宝 App 能够快速引导用户购买到心仪的商品；购物时，微信 App 可以快速、准确地引导用户进入付款扫码界面，完成支付操作。示例如图 5.1、图 5.2 所示。

淘宝 App 引导用户购买手机流程

图 5.1 效率型 App 之淘宝

微信 App 引导用户付款

图 5.2　效率型 App 之微信

2. 工具型

工具型 App 是指能够按照用户需求，便捷地帮助用户完成一项工作。此类应用一般交互操作非常少，也没有很深的层次结构，往往都是直接展示信息。例如，墨迹天气可以在用户想要查看天气情况时，快速查询到当前准确的天气情况，并且还能查询到其他相关的天气信息，满足用户需求；计算器可以帮助用户进行数据计算。示例如图 5.3、图 5.4 所示。

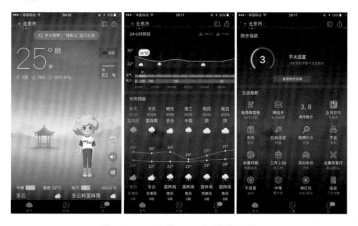

图 5.3　工具型 App 之墨迹天气

图 5.4　工具型 App 之计算器

3. 沉浸型

沉浸型 App 是指能够让用户在"无感"的情况下使用 App，使用户忽略时间、环境的影响，专注一个任务或娱乐的深入体验，没有过多的文字，而将用户的注意力放在如何使用它。例如，游戏类 App、视频类 App。示例如图 5.5、图 5.6 所示。

图 5.5　沉浸型 App 之绝地求生　　　　图 5.6　沉浸型 App 之人人视频

三种类型 App 的区别如表 5.1 所示。

表 5.1　三种类型 App 的区别

类　　别	维　　度				
	视　　觉	布　　局	层　　级	交　　互	产　　品
效率型 App	简约设计风格	规范强，逻辑性强	层级多	交互多	社交类 App、手机邮箱 App 等
工具型 App	简约设计风格拟物 / 写实效果	重要信息、重要功能突出	层级少	交互少	计算器、天气预报、日记本、日历、万能遥控器等
沉浸型 App	拟物 / 写实效果	方便操作，考虑单手持握或双手持握操作时控制范围	层级较多。比效率型 App 多，比工具型 App 少	交互较多。比效率型 App 多，比工具型 App 少	游戏类 App、视频类 App

5.1.2　手机 App 设计原则

1. 主题把握要精准

在设计 App 过程中，首先要考虑的是产品定位和产品主题，也就是说，要设计一个什么类型的 App，将来要提供给什么样的用户来使用。例如，准备设计一个旅游类的 App，首先要确定给什么样的用户使用，是大学生、公司白领、新婚夫妇还是中产阶级？不同的用户对产品的需求是不一样的，必须针对不同的用户需求来设置功能，所以一定要将主题定位把握精准。同时针对确定好的主题，再确定设计产品的主色调、设计风格、界面布局等，示例如图 5.7 所示。

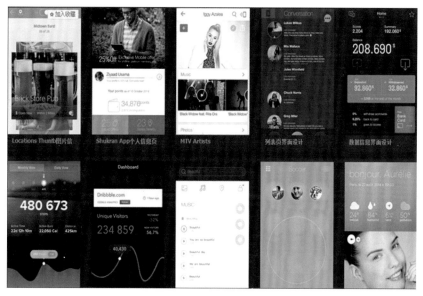

图 5.7　确定 App 主题

2. 注意持握手机的习惯

设计 App 时，还要考虑用户在操作时的操作习惯，尽可能将功能操作设置在用户习惯的位置处，便于用户习惯性操作与习惯性的延续，提高产品的体验。

考虑用户持握手机的习惯非常重要。用户大部分的操作时间都是采用单手持握手机的方式，如坐公交车时，单手扶把手，单手操作手机；当然在操作过程中，还有双手持握手机的时候，如玩游戏，双手大拇指控制各种操作。或者看视频时，为了最大化显示内容，用户也会愿意横屏显示。所以在设计产品时就要充分考虑大拇指的活动范围，将重要功能按键放在控制区内（一般考虑右手持握的情况）。示例如图 5.8 所示。

图 5.8　持握手机习惯

3. 横竖屏的变化与重力感应

很多用户在使用手机之初就将横竖屏切换功能关闭，或者大部分 App 根据实际情况直接将 App 的界面方向设定好，如使用 QQ App 时，默认为竖屏显示，而观看视频时，默认为横屏显示。但手机在使用的过程中不管是通过物理重力感应触发，还是用户手动触发，都会遇到横竖屏切换的功能需求。

因此，在进行 UI 设计时，要考虑不同屏幕显示时内容展示的合理性、功能的通用性及操作的便利性。示例如图 5.9 所示。

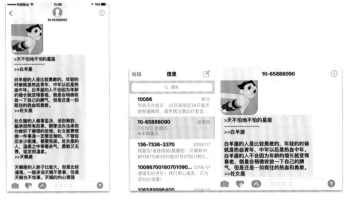

图 5.9 横竖屏界面展示效果

4. 设计界面层级清晰、操作方式一目了然

App 在设计界面时层级清晰是非常重要的。App 的功能越强大，界面层级越要清晰，操作逻辑也越要缜密，清晰的界面层级可以让用户在操作过程中明确自己"我在哪里，该做什么，该怎么做"，让用户尽可能在"无感"的状态下，顺利完成操作。

保证用户在操作时能够按照预想的流程进行，必须保证操作方式一目了然。毕竟，用户在使用产品时，设计师不能在旁边指导，也不能为 App 如何使用附带一份使用说明书，所有的操作都需要用户在实际使用过程独立探索和熟悉。因此，设计师在设计时就要充分考虑如何能够让用户快速了解功能，解锁操作方式。那么，如何能够使操作方式一目了然呢？

❖ 明确主题，并且根据主题确认主要功能。在 App 上线初期，一定要先确认哪些功能是主要功能，哪些功能可以放在需求池中，待以后版本迭代解决。例如，设计手电筒 App，主要功能就是照明，其他的灯光设置、灯光类型等功能就可以在以后迭代的版本中再实现。如图 5.10 所示，主要功能明确，辅助功能可以再迭代添加。

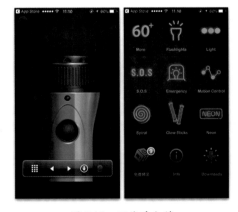

图 5.10 万能手电筒

❖ 减少不必要的交互。在界面设计过程中，界面的跳转流程必须简练，同时还应减少不必要的交互。虽然设计师要考虑在用户操作时的正确引导，但用户也不

是想象中的那么"傻"，不要一味提醒用户如何操作（帮助越多说明你的软件越难用）。设计时应该关注如何更有效地引导用户集中精力快速完成任务，否则会让用户在使用时觉得被打扰，影响用户的操作体验。如图 5.11 所示，界面层级清晰，交互明确，操作方便。

图 5.11　ONE

✧ 减少输入。用户操作时要尽可能减少输入，也可以通过使用其他输入方法，方便用户操作。多种输入方法如图 5.12 所示。

扫描输入　　　　　拍照输入　　　　　语音输入　　　　　生物验证输入

图 5.12　多种输入方法

5. 遵循手指触摸的习惯

在 App 操作的过程中，都是通过手指来进行控制的。当然手指的一个最重要问题是它比鼠标指针大得多，灵敏度和精确度会有所欠缺，所以建议最佳触摸区域不能低于宽、高均为 44px 的区域，如图 5.13 所示。因此在界面设计时，要保证手指可接触区域够大、控件够大，控件数目较多时还要注意控件之间的间距要够大，以减少误操作。另外，屏幕边缘触感不灵敏，重要的按钮不要太靠边，不利于操作。

还有一些同时使用鼠标和键盘的操作（如复制、粘贴、选择文字）是手指很难完成的。设计上应该考虑由此带来的影响，避免滥用。当然，如果设计的 App 支持比较复杂的手势（长按、捏合），那么就要确保用户能够理解它们的含义，并且为这些手势操作提供直接的响应反馈，如图 5.14 所示。

图 5.13　最佳控制区域

图 5.14　复杂手势（长按）

6．让用户看到操作的及时反馈

在 App 操作的过程中，要让用户看到操作的及时反馈，这是非常重要的。通常反馈都会在用户操作完一步之后，及时出现引导用户进行下一步操作。用户在操作时的耐心是有限的，如果不能及时给予反馈，那么很快就会使用户失去耐心，容易让用户急躁，影响用户体验，甚至会失去这个用户。常用的反馈有声音反馈、震动反馈等。示例如图 5.15、图 5.16 所示。

图 5.15　进度条状态

图 5.16　提交 / 取消订单

7．灵活运用手势支持

UI 设计师和 H5 开发工程师对移动设备（尤其是 App）的手势的理解是非常有必要的。只有掌握了这些平台的手势规定才能设计出符合用户操作体验的功能。iOS 在 App 中定义了 8 种手势，而 Android 中有 14 种，但是很多都不常用。通过实践证明，iOS 的 8 种手势已经完全够用，若定义太多，用户的学习成本就会提高。下面主要介绍 iOS 在 App 中定义的 8 种手势，如图 5.17 所示。

 单击 按压或者选择一个控件 / 选项

 拖曳 拖动某个控件从一边移动到另一边

 滑动 快速滚动或平移，浏览内容

 轻扫 用一个手指滑动返回上一页 滑动呼出隐藏菜单或删除按钮

 双击 放大、缩小图片或内容，中心定位等

 捏合 双指张开或捏合放大或缩小

 长按 呼出编辑状态或隐藏菜单

 摇晃 撤销或重做

图 5.17　iOS 在 App 中定义的 8 种手势

✧ 单击：一个手指按下，提起，按压或者选择一个控件 / 选项，常用于打开 App、打开开关控件等操作。

✧ 拖曳：一个手指按下，移动再提起，拖动某个控件从一边移动到另一边，常用于整理桌面图标等操作。

✧ 滑动：一个手指按下，滚动或平移后再提起，四个方向均可滑动，常用于浏览信息等操作。

✧ 轻扫：一个手指短暂接触，滚动或平移再提起，一般为左右两个方向，常用于呼出隐藏菜单或删除按钮等操作。

✧ 双击：一个手指快速、连续两次按下，提起。常用于放大、缩小图片或内容，或者在导航 App 中定位使用操作。

✧ 捏合：双指按下，向内移动，再提起。常用于放大、缩小图片或内容，浏览信息等操作。

✧ 长按：一只手指按下，稍后再提起，呼出编辑状态或隐藏菜单，常用于对文章内容进行复制、粘贴、全选等操作。

✧ 摇晃：手持手机，进行摇动。常用于撤销或重做，但在国内常用于抢红包等操作。

8. 减少视觉干扰，减少刺激颜色使用

颜色搭配是 UI 设计过程中一个比较耗时的阶段，设计师有时需要花几个小时才

能选择正确的颜色。在选择颜色时颜色数量一般不超过 3 种，尽量减少视觉干扰，多选用高级灰色和素色，尽可能减少刺激颜色的使用，以防止造成用户视觉疲劳。当然，为儿童设计 App 时，或者为喜欢高饱和度颜色的地区用户设计 App 时，所用的颜色饱和度就要偏高一些。示例如图 5.18、图 5.19 所示。

图 5.18　小绿帽（儿童故事电子书 App）　　　　图 5.19　西藏视听 App

常用的设置颜色的方法有以下三种。

♦ 沿用启动图标颜色或企业 Logo 颜色为 App 主色调，如图 5.20、图 5.21 所示。

图 5.20　印象笔记（沿用企业 Logo 颜色）

图 5.21　淘宝（沿用启动图标颜色）

✧ 借鉴竞品颜色，同品类产品的色调保持一致，如图 5.22、图 5.23 所示。

途牛 App　　　　飞猪 App　　　　去哪儿 App　　　　携程 App

图 5.22　旅游类 App

淘宝 App　　　　京东 App　　　　拼多多 App　　　　唯品会 App

图 5.23　电商类 App

✧ 简约设计，多使用高级灰色，饱和度低的颜色，如图 5.24 所示。

| 一个 App | LOFTER App | 轻芒 App | 白噪音 App |

图 5.24　简约设计风格

5.2 iOS 控件介绍及设计规范

5.2.1　iOS 控件摆放规范

在 UI 设计中，除了要设计界面，还要设计一套完整的控件。设计好的控件在 App 中摆放的位置也要遵循一定原则：按照用户操作顺序；按照信息摆放顺序。

1. 按照用户操作顺序

用户通过长期使用 App，已经养成了自己的操作习惯，所以在摆放控件时，要充分考虑用户的操作顺序习惯，否则将会增加用户的学习成本。

一般用户在打开 App 时，首先会关注标签栏里的标签内容，其次关注导航栏（标题栏）里的导航内容，再看内容区里的内容，弹出窗口信息及跳转新页面里的内容，如图 5.25 所示。

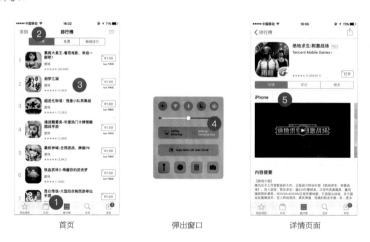

| 首页 | 弹出窗口 | 详情页面 |

图 5.25　按照用户使用习惯摆放控件

2．按照信息摆放顺序

按照信息摆放顺序，主要是参考文章中目录、章节的排列结构，二级目录另起一行，相对一级目录空两个字符的距离。在 App 中，标签栏与界面两端没有距离，而导航栏的内容与界面两端产生距离，而在分段选择控件中与导航栏的内容又产生距离，这与行文中换行空两个字符道理相似。示例如图 5.26、图 5.27 所示。

图 5.26　按照信息摆放顺序摆放控件　　　　图 5.27　App 按照信息摆放顺序摆放控件

5.2.2　iOS 控件的构成与尺寸

1．iOS 12

iOS 12 是苹果公司研发的操作系统。2018 年 6 月，全新的 iOS 12 正式发布。全新的 iOS 12 最大的亮点是提升了速度和流畅性。据官方介绍，相比上一代 iOS 11，iOS 12 的 App 启动速度快了 40%，输入法调出速度快了 50%，相机启动速度快了 70%。

另外，它还新增 70 多个表情符号，针对 iPhone XS、iPhone XS Max 和 iPhone XR 的相机预览推出景深控制，改进了 iPhone XS、iPhone XS Max 和 iPhone XR 的蜂窝移动网连接性，添加使用面容 ID 或触控 ID 更改或还原子女的"屏幕使用时间"密码，针对 iPhone X、iPhone 8 和 iPhone 8 Plus，增加了性能管理功能来避免设备意外关机，用户可以选择停用此功能，"电池健康"更新后可验证 iPhone XS、iPhone XS Max 和 iPhone XR 的电池是否为正品。

iOS 对控件的尺寸要求非常严格，所以记住精确的尺寸参数对于 UI 设计师而言是非常必要的和重要的，目前大部分 iPhone 系统均为 iOS 12，如图 5.28 所示。iPhone 各型号参数和尺寸，如表 5.2、图 5.29 所示。

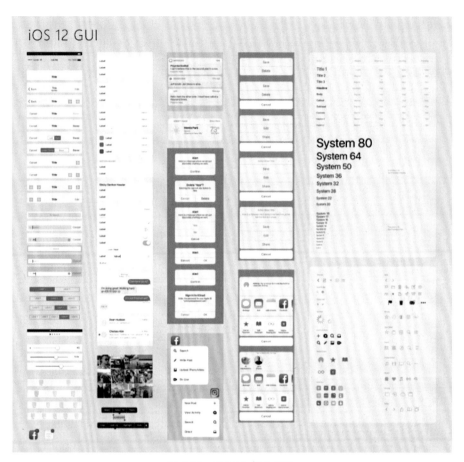

图 5.28　iOS 12 部分控件

表 5.2　iPhone 各型号参数

设　　备	分辨率 / px	像素 密度 /ppi	状态栏 高度 /px	导航栏 高度 /px	标签栏 高度 /px
iPhone XS Max	1242 x2688	458	88	176	248
iPhone XS	1125 x2436	458	88	176	248
iPhone XR	828 x 1792	326	88	88	98
iPhone X	1125 x2436	458	88	176	248
iPhone 8 Plus/7 Plus 6 Plus/6S Plus	2208x1242	401	60	132	146
	1920x1080	401	40	132	146
iPhone 8/7/6/6S	750 x1334	326	40	88	98
iPhone 5/5C/5S/SE	640 x1136	326	40	88	98
iPhone 4/4S	640 x960	326	40	88	98
iPhone 3/2/1	320 x480	163	20	44	49

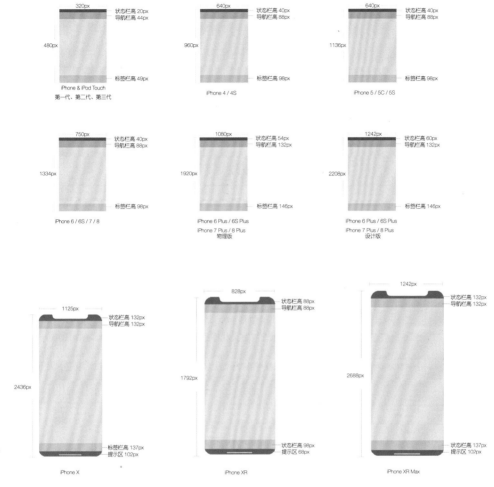

图 5.29　iPhone 各型号尺寸

2．iOS 控件及规范

UI 设计师需要对界面系统的规范有足够的认识，才能进一步实现个性化的设计，因此要求 UI 设计师必须熟练掌握控件的用法及规范，控件规范以 iPhone 6 的分辨率为例进行讲解。

✧ 状态栏：位于界面顶部，在状态栏中经常显示各种功能或提示信息的图标，例如，信号强弱、运营商、电量、时间等，因此也叫信息栏，如图 5.30 所示。状态栏参数如表 5.3 所示。

图 5.30　状态栏

表 5.3　状态栏参数

控 件 名	尺寸 /px
状态栏 / 信息栏	40x750

✧ 导航栏：有时也称"标题栏"。位于状态栏下方，导航栏可以用于在层级结构的信息中导航，也可以用于管理屏幕信息。中间显示当前界面内容标题，

图 5.31　导航栏

左侧放置后退按钮，右侧为当前界面操作按钮，这些按钮可以是文字按钮，也可以是图标按钮。而标题栏与导航栏之间的差别在于只在中间显示当前界面内容标题，而并没有左右两侧的功能按钮，如图 5.31 所示。导航栏参数如表 5.4 所示。

表 5.4　导航栏参数

控 件 名	尺寸 /px	标题文字 /px
导航栏 / 标题栏	88x750	40

注意，现在一般都将状态栏和导航栏放在一起使用，背景颜色可根据界面颜色进行配色设置或透明设置。

✧ 标签栏和工具栏：标签栏位于界面最下方。常出现在详情界面最下方的称为工具栏。标签栏可以理解为全局导航，方便快捷切换功能或导航。手机上的标签栏一般不超过 5 个标签，并且包含"未选择和已选择"两种视觉效果。每个标签的标题名称应为"当前卡片主要信息的总称"或"所执行按钮名

图 5.32　标签栏和工具栏

称"，取名应简短且通俗易懂；工具栏中常有一些工具按钮，如点赞、分享、上一页、下一页、收藏等，多为纯图标显示。标签栏和工具栏如图 5.32 所示，标签栏和工具栏参数如表 5.5 所示。

表 5.5　标签栏和工具栏参数

控 件 名	尺寸 /px
标签栏	98x750
工具栏	88 x750
标签栏图标	44~60
标签栏文字	20
工具栏图标	44~60

✧ 分段选择控件：所在位置可以在导航栏下方，或者替代导航栏直接使用。它可以通过选择不同的分段标签，在界面不跳转的情况下，进行页面内容变化，

图 5.33　分段选择控件

减少页面层级的产生。分段选择控件中的标签数量一般不超过 5 个，如图 5.33 所示。分段选择控件参数如表 5.6 所示。

表 5.6　分段选择控件参数

控 件 名	尺寸 /px
分段选择控件高度	58
圆角大小	8
文字大小	26

◆ 搜索栏：一个用户输入的圆角矩形的区域，只能单行输入。默认情况下，搜索图标和搜索文字显示在搜索栏的中间，当用户单击搜索栏时，界面下方会向上弹出一个键盘。搜索栏如图 5.34 所示，搜索栏参数如表 5.7 所示。

图 5.34　搜索栏

表 5.7　搜索栏参数

控 件 名	尺寸 /px
搜索栏高度	56
圆角大小	8
文字大小	28

◆ 文字标签：一种阐述控件功能的文本，如图 5.35 所示。文字标签参数如表 5.8 所示。

图 5.35　文字标签

表 5.8　文字标签参数

控 件 名	尺寸 /px
文字标签大小	26

◆ 活动指示器：显示有任务或进程正在处理中。当处理或加载任务，等待时间大于 2s 时，活动指示器就开始旋转，任务完成自动消失，如图 5.36 所示。活动指示器结束时间不可预估。

◆ 进度指示器：用于展示可预测完成度的任务或过程的完成情况，特别是在需要告诉用户任务大约需要多长时间的时候，进度指示器显得尤为重要。任务或过程进行时，等待时间大于 4s，进度指示器的槽从左向右开始被逐渐填充。在任何时候，已填充和未填充部分间的比例都能告知用户任务或过程多久能完成，如图 5.37 所示。

活动指示器

图 5.36　活动指示器

进度指示器

图 5.37　进度指示器

❖ 日期时间拣选器：用于选择日期、时间内容，也可以对其内容进行修改，从而更加灵活地运用。它常用于数据选择，以减少用户使用时误操作，如图 5.38 所示。

图 5.38　日期时间拣选器

❖ 分页指示符：常用圆点表示，其主要作用有查看当前有多少视图、查看视图先后顺序、导航。一般高亮状态为当前状态，为保持简约展示，一般放置 3~5 个，避免过多，如图 5.39 所示。

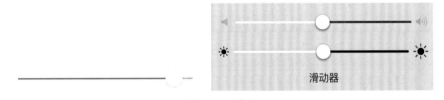

图 5.39　分页指示符

❖ 滑块：当希望用户能够对数值进行较高精度的控制时，常使用该控件，如图 5.40 所示。

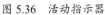

滑动器

图 5.40　滑块

❖ 开关：在移动产品中，选择某一项功能可以使用或同意选择某个选项，常用开关控制，有别于 Web 端单项选择和多项选择，如图 5.41 所示。

图 5.41　开关

3．iPhone 常用图标规范

在 iPhone 中使用的图标大小有严格的规范，如表 5.9 所示。

表 5.9　常用图标规范

图 标 类 别	尺 寸 /px
状态栏图标	28X28
导航栏图标	44~60
设置界面图标	58X58
工具栏图标	44~60
桌面图标	120X120
App Store	1024X1024

备注：其中桌面图标和上传 App Store 图标在设计时不设置圆角，如果需要展示效果时才设置圆角，桌面图标圆角为 21px，App Store 圆角为 180px。

4．iPhone 常用字体规范

在 iPhone 中使用的字体有严格的规范，如表 5.10 所示。

表 5.10　常用字体

英　　文	San Francisco（旧金山字体）
中文	苹方字体

5．iPhone 常用字体大小规范

在 iPhone 中使用的字体大小有严格的规范，如表 5.11 所示，字体大小示意图如图 5.42 所示。

表 5.11　常用字体大小

字体大小 /px	用　　途
34	一般用于界面标题
30 或 28	一般用于界面中的内容标题
24	一般用于界面中的内容
20	一般用于描述性文字，如转发、点赞、来源等

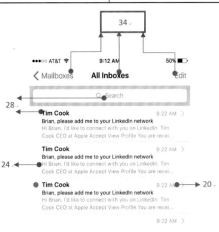

图 5.42　字体大小示意图

6. 如何表现文字间层级关系

在移动界面中，文字层级关系至关重要，常利用字体的大小、色彩、粗细等进行表示。其参数如表 5.12 所示，效果如图 5.43 所示。

表 5.12　文字层级参数列表

位　　置	文　字　属　性
导航栏标题	苹方 Bold 34px
按钮和列表头	苹方 Medium 34px
表格标签	苹方 Medium 34px
标签栏图标名称	苹方 Regular 20px

图 5.43　文字层级效果

7. 搜索框

在 iPhone 中的通讯录内会出现搜索框，一般在向下翻页时会自动出现，如图 5.44 所示。

图 5.44　搜索栏

8. 分段选择控件

在一个界面中设置多种选项时可以使用分段选择控件，分段选择控件长度一般没有具体要求，高度一般为 58px，如图 5.45 所示。使用分段选择控件的优点是可以减少页面生成数量。

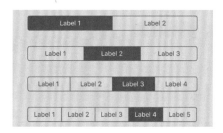

图 5.45　分段选择控件

9. 键盘

键盘一般是 iPhone 的重要输入控件，键盘的高度为 432px，如图 5.46 所示。

图 5.46　键盘

5.3 常见界面布局

1. 宫格布局

宫格布局是常见的一种布局方式，其优点是对用户操作引导性强，学习成本低；缺点是层级较深，用户并不能快速了解具体功能。宫格布局示例及案例如图 5.47、图 5.48 所示。

图 5.47　宫格布局示例

图 5.48　宫格布局案例

2. 标签式布局

标签式布局常见的有底标签式、上标签式、左标签式。由于用户操作时不方便，右标签式一般不用。标签式布局的优点是界面层级较少，缺点是界面或功能主次不明确。标签式布局示例及案例如图 5.49、图 5.50 所示。

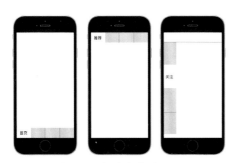
图 5.49　标签式布局示例

图 5.50　标签式布局案例

3．横排布局

横排布局是最近出现的一种布局方式，其优点是界面布局方式大气，耳目一新；缺点是页面中显示的数据数量少，另外还需要用户主动探索其他内容。横排布局示例及案例如图 5.51、图 5.52 所示。

图 5.51　横排布局示例

图 5.52　横排布局案例

4．卡片式布局

卡片式布局也是最近出现的一种布局方式，其优点是界面操作简单，用户易聚焦内容，常用作一次性浏览；缺点是页面中显示的内容少，滑动操作易疲劳。卡片式布局示例及案例如图 5.53、图 5.54 所示。

图 5.53　卡片式布局示例

图 5.54　卡片式布局案例

5. 图表式布局

图表式布局常用于数据统计、数据显示或表示行动过程，其优点是表达内容形象生动、主次分明，易突出核心内容；缺点是页面中显示的内容较少，页面控件利用率不高。图表式布局示例及案例如图 5.55、图 5.56 所示。

图 5.55　图表式布局示例

图 5.56　图表式布局案例

6. 不规则式布局

不规则式布局是常用的一种布局方式，通过该布局方式引起用户的好奇心，增加产品的关注度。其优点是效果表现独特、表现个性、引起用户好奇心；缺点是扩展性差。不规则式布局示例及案例如图 5.57、图 5.58 所示。

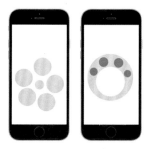
图 5.57　不规则式布局示例

图 5.58　不规则式布局案例

7. 侧滑式布局

侧滑式布局的优点是增加主界面显示区域，扩展性高；缺点是用户前期使用时学习成本较高。侧滑式布局示例及案例如图 5.59、图 5.60 所示。

图 5.59　侧滑式布局示例

图 5.60　侧滑式布局案例

8. 列表式布局

列表式布局是使用率非常高的布局之一，其优点是扩展性高，界面可以根据内容不断增长；缺点是表现形式单一，界面不活泼。列表式布局示列及案例如图 5.61、图 5.62 所示。

图 5.61　列表式布局示例

图 5.62　列表式布局案例

5.4　App 界面设计实战

5.4.1　音乐 App 界面实战

音乐类 App 属于前面分析的工具型 App。工具型 App 界面设计时主要突出操作方式，以及用户所关心的信息。针对音乐类 App 播放界面，用户所关心的是如何打开或关闭音乐的操作方式和音乐播放进度、歌词等信息显示。完成效果如图 5.63 所示。

图 5.63　完整效果

（1）打开 Photoshop CC 2018，创建文档大小为 750px×1334px（参照 iPhone 6 iOS 11 规范），分辨率设置为 72ppi，颜色模式为 RGB 颜色，如图 5.64 所示。

（2）创建状态栏（40px）及其图标（28px，图标可以直接调用控件，也可以自己制作），如图 5.65 所示。

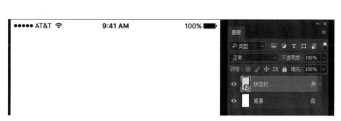

图 5.64　创建文档参数　　　　　　　　　图 5.65　设置状态栏及其图标

（3）使用"文件">"置入嵌入对象"命令，选择背景图片"bg.jpg"，以"智能对象"形式在画布中打开，如图 5.66 所示。

图 5.66　置入嵌入对象

（4）调整背景图片大小至覆盖整个画布，然后设置"高斯模糊"，如图 5.67 所示。

（5）绘制圆形，大小为 626px×626px，设置坐标值为 X：62，Y：290，同时与背景进行水平居中对齐。

（6）将备用的背景图片再次在界面中打开，适当调整大小后，保证背景图片层在绘制的圆形层上面，按住"Alt"键，并将鼠标指针移动到两层之间单击，使用剪贴蒙版的方法将背景图片在圆形中显示。效果如图 5.68 所示。

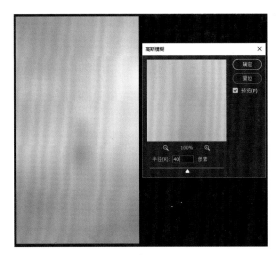
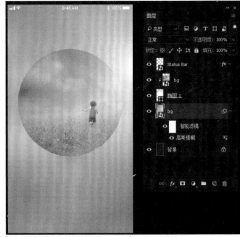

图 5.67　设置高斯模糊效果图　　　　　　图 5.68　设置剪贴蒙版效果

（7）选中圆形，添加图层样式中的描边效果，颜色值为 #FEF2F1，调整不透明度值为 65%，大小值为 12px。参数如图 5.69 所示，效果如图 5.70 所示。

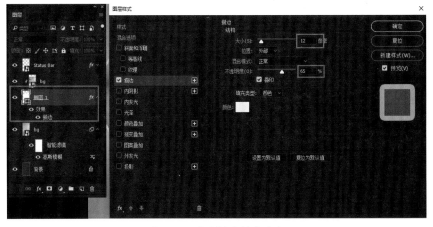

图 5.69　设置描边样式参数

图 5.70　描边效果

（8）使用"视图"＞"新建参考线"命令，新建水平参考线 80px，再创建一条水平参考线 140px，如图 5.71 所示。

（9）使用【文字工具】创建歌曲名称"春天在哪里"，字体为"苹方 常规"，字体大小为 34px，颜色为"白色"，与背景"水平居中"对齐且与创建的第一条"参考线"顶端对齐；再设置歌曲属性"儿歌"，字体为"苹方 常规"，字体大小为 24px，颜色为"白色"，与背景"水平居中"对齐且与创建的第二条"参考线"顶端对齐，再在"儿歌"文字两侧绘制大小为 24px×1px 矩形，效果如图 5.72 所示。

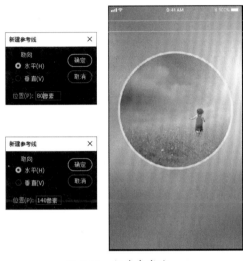

图 5.71　新建参考线

图 5.72　添加歌曲名称

（10）设置大小为 60px×28px，圆角值为 9px 的三个圆角矩形，作为分类标签使用，如图 5.73 所示。

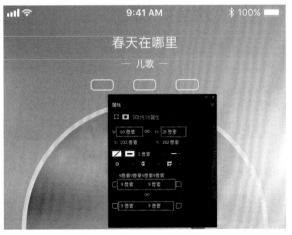

图 5.73　设置三个分类标签

（11）添加标签文字"标准""音效""视频"，字体为"苹方 常规"，大小为 16px。使用【钢笔工具】绘制"V"形状效果，文字工具输入"On"字体效果，

179

使用【添加锚点工具】和删除锚点的方法（不是【删除锚点工具】）将"视频"标签右上角路径打断，输入文字"7"，最终效果如图5.74所示。

（12）添加歌词文字，并且摆放到居中位置。

（13）添加分页指示符，效果如图5.75所示。

图 5.74　设置文字标签　　　　　　　　图 5.75　分页指示符效果

（14）绘制时间轴效果。绘制矩形，大小为630px×2px，颜色值设置为#D5C6AA，再复制矩形图层，修改其参数值，大小为120px×2px，颜色值设置为#00D555，并且绘制直径为18px的圆作为滑块，以及设置投影样式，参数如图5.76所示。两端设置时间文字，适当增加投影效果。效果如图5.77所示。

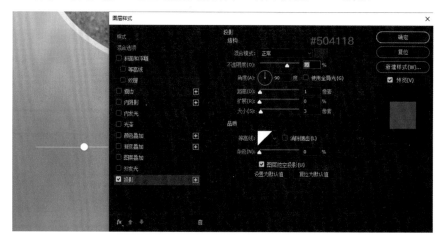

图 5.76　设置滑块效果参数

图 5.77　设置时间文字效果

（15）参照前面案例的做法，绘制音乐播放器的各功能按钮，效果如图5.78所示。

图 5.78　播放按钮效果

5.4.2　社交 App 界面实战

社交类型 App 是目前比较火爆的产品类型之一，各类产品都想将社交功能加入到自己的产品中去。本案例采用卡片式布局进行设计，目的是引起用户对操作和布局的好奇心，增加产品黏度。最终效果如图 5.79 所示。

图 5.79　最终效果

（1）打开 Photoshop CC 2018，创建文档大小为 750px×1334px（参照 iPhone 6 iOS11 规范），分辨率设置为 72ppi，颜色模式为 RGB 颜色，设置背景颜色值为 #F7F8F3。

（2）创建状态栏（40px）及其图标（28px，图标可以直接调用控件，也可以自己制作），修改背景颜色值为 #B128A9，效果如图 5.80 所示。

（3）绘制导航栏，大小为 750px×88px，修改颜色值为 #E93DDF，并且设置左右两侧导航按钮（分别距离左右边距为 30px），填写产品名称"魅悦"，字体为"苹方 常规"，文字大小为 34px，颜色值为 #FFFFFF，效果如图 5.81 所示。

图 5.80　状态栏

图 5.81　导航栏

（4）绘制圆角矩形，大小为 680px×880px，作为图片摆放背景。再复制一个，设置高度为 690px，并且将左下角、右下角圆角设置为 0，作为蒙版使用。效果如图 5.82 所示。

（5）复制背景卡片两次，等比缩小，并且改变颜色为"白色"，增加图层样式中的投影效果，增显层次效果，效果如图 5.83 所示。

图 5.82　设置卡片布局　　　　　　　　　　　图 5.83　设置层次感

（6）将准备好的图片素材置入界面文档中，图片素材放在背景层上，用鼠标指针移动至两层之间，按住"Alt"键并单击左键，使用剪贴蒙版的方法将图片在形状中显示出来。效果如图 5.84 所示。

（7）设置图片标签文字。效果如图 5.85 所示。

图 5.84　剪贴蒙版　　　　　　　　　　　图 5.85　设置图片标签文字

（8）绘制图标按钮。半径为 140px，颜色值为 #EEEAE7，再绘制大小为 88px 的同心圆，颜色值为 #B5B3B1，设置投影，添加 "X" 符号。其他图标按钮参照该图标按钮方法完成，效果如图 5.86 所示。

图 5.86　绘制图标按钮效果

（9）完成界面设计。

5.4.3　个人中心界面实战

个人中心界面是很多 App 不可缺失的界面，是用户注册、登录后进行个人属性设置的页面，现在流行的设计趋势为简约风格。本案例将完成简约风格的个人中心界面的设计，最终效果如图 5.87 所示。

图 5.87　最终效果

（1）打开 Photoshop CC 2018，创建文档大小为 750px×1334px（参照 iPhone 6 iOS 11 规范），分辨率设置为 72ppi，颜色模式为 RGB 颜色，设置背景颜色值为 #EFEFF4。

（2）创建状态栏（40px）及其图标（28px，图标可以直接调用控件，也可以自己制作）。

（3）将雪景图片素材在界面文档中打开，保留大小为 750px×720px，效果如图 5.88 所示。

（4）根据页面内容布局可以适当对页面整体进行设计。上面两个矩形大小都为 272px×266px，标签栏大小为 750px×98px，高的列表大小为 750px×248px，普通列表大小为 750px×88px，效果如图 5.89 所示。

图 5.88　状态栏和大图效果　　　　　图 5.89　界面布局效果

（5）制作图标。绘制正六多边形，使用【添加锚点工具】在要删除的位置处添加锚点，并使用【路径选择工具】选择后删除，形成断点，将两端设置为圆端点效果。再绘制小圆，并对齐。效果如图 5.90 所示。其他图标参照此方法完成，效果如图 5.91 所示。

图 5.90　图标效果　　　　　　图 5.91　其他图标效果

（6）设置文字效果。在对应位置添加文字"我的收藏"，字体为"苹方 常规"，大小为 30px，颜色值为 #616161；添加文字"图文""文章""音乐""影视"，字体为"苹方 常规"，大小为 28px，颜色值为 #A9A9A9；添加文字"我的关注""歌单"，字体为"苹方 常规"，大小为 28px，颜色值为 #969696；便签栏中的文字，字体为"苹方 常规"，大小为 20px，颜色值为 #969696。效果如图 5.92 所示。

（7）添加用户头像和用户名，参照前两个案例中的"剪贴蒙版"使用方法，添加用户头像和用户名，效果如图 5.93 所示。

图 5.92　添加标题文字

图 5.93　添加用户头像和用户名

（8）添加"心情记录旅程"的图片和文字，效果如图 5.94 所示。

图 5.94　"心情记录旅程"的图片和文字效果

（9）完成效果制作，保存文件。

思考与练习

1．了解 App 类型及特点。

2．简单描述 App 设计特点。

3．分别举例说明 App 每种布局方式和特点。

4．熟练应用 iOS 控件使用、iOS 设计规范。

5．完成一套完整工具型 App 视觉稿，产品主题自拟。

6．绘制一套 App 界面操作流程图。

参考文献

[1] Cameron Banga, Josh Weinhold. 移动交互设计精髓[M]. 傅小贞，张颖鋆，译. 北京：电子工业出版社，2015.

[2] 周娉，方兴. 交互界面设计 [M]. 北京：北京大学出版社，2017.

[3] 余振华. 术与道移动应用 UI 设计必修课 [M]. 北京：人民邮电出版社，2016.

[4] 周嘉. Photoshop 移动 UI 设计基础与案例教程 [M]. 北京：清华大学出版社，2017.